莫兰科学笔记 探究式科学教学故事
STORIES FOR INQUIRY-BASED SCIENCE TEACHING

日常地球与空间科学之谜

EVERYDAY EARTH AND SPACE SCIENCE MYSTERIES

[美]理查德·科尼赛克-莫兰 著
(Richard Konicek-Moran)
刘 勇 译

NSTApress
National Science Teachers Association
江蘇鳳凰教育出版社
Phoenix Education Publishing, Ltd

图书在版编目(CIP)数据

莫兰科学笔记.日常地球与空间科学之谜 / (美)理查德·科尼赛克-莫兰著;刘勇译.—南京:江苏凤凰教育出版社,2017.12

ISBN 978-7-5499-7056-8

Ⅰ.①莫… Ⅱ.①理…②刘… Ⅲ.①地球—普及读物②空间科学—普及读物 Ⅳ.①P183-49②V1-49

中国版本图书馆 CIP 数据核字(2017)第 319509 号

书　　名 日常地球与空间科学之谜
著　　者 [美]理查德·科尼赛克-莫兰(Richard Konicek-Moran)
译　　者 刘　勇
责任编辑 韩宇新
出版发行 凤凰出版传媒股份有限公司
江苏凤凰教育出版社(南京市湖南路 1 号 A 楼　邮编 210009)
苏教网址 http://www.1088.com.cn
照　　排 南京紫藤制版印务中心
印　　刷 江苏凤凰新华印务有限公司
厂　　址 江苏省南京市新港经济技术开发区尧新大道 399 号
开　　本 787 mm×1092 mm　1/16
印　　张 17
版　　次 2018 年 1 月第 1 版
2018 年 1 月第 1 次印刷
书　　号 ISBN 978-7-5499-7056-8
定　　价 60.00 元
网店地址 http://jsfhjycbs.tmall.com
公 众 号 江苏凤凰教育出版社(微信号:jsfhjy)
邮购电话 025-85406265,025-85400774,短信 02585420909
盗版举报 025-83658579

目录

致谢

感谢马萨诸塞州斯普林菲尔德市公立学校诸位爱岗敬业、才华横溢的教师们，在他们的鞭策与鼓励下，我编写了本书的故事和材料，书中内容不仅适合城里学生，同样也适合农村学生。

我要感谢下列教师和行政管理人员，是他们多年来帮我实地检验了本书故事和想法是否适用。这些兢兢业业的教育工作者通过积极鼓励与善意批评，给了我莫大的帮助。

理查德·哈勒(Richard Haller)

乔·安·赫尔利(Jo Ann Hurley)

劳列·诺斯(Lore Knaus)

罗恩·圣·阿曼德(Ron St. Amand)

蕾妮·洛迪(Renee Lodi)

迪安娜·索马拉(Deanna Suomala)

路易丝·布里顿(Louise Breton)

鲁斯·柴普尔(Ruth Chappel)

特蕾莎·威廉姆森(Theresa Williamson)

马萨诸塞州斯特布里奇市(Sturbridge)伯吉斯小学(Burgess Elementary)三年级教研组

马萨诸塞州斯特布里奇市伯吉斯小学二年级教研组

马萨诸塞州斯特布里奇市伯吉斯小学五年级教研组

马萨诸塞州米尔伯里市的小学教师们

马萨诸塞州斯普林菲尔德市波廷格(Pottinger)小学的教师和学生们

马萨诸塞州斯普林菲尔德市公立学校全体行政人员和科学专家,他们人数众多,无法一一提及。

感谢在我的研究生班级和本科生班级就读的所有老师们,他们动手编写各种故事应用于自己的课堂教学,并且尝试把我的故事应用于他们的教学之中。

感谢我的导师、已故的哥伦比亚大学威拉德·雅各布森(Willard Jacobson)教授,是他帮助我在大学师范教育领域谋得一席之地。

我要感谢斯基普·斯诺(Skip Snow)、杰夫·克莱恩(Jeff Kline)、里克·希维(Rick Seavey)以及佛罗里达州大沼泽地国家公园里所有的生物学家们,能够与他们共事十年是我的荣幸,是他们帮助我重新找回做一名科学家的感觉。还要感谢位于鲨鱼谷和松树岛的大沼泽地国家公园翻译小组成员凯蒂·布利斯(Katie Bliss)、玛利亚·汤普森(Maria Thompson)、劳丽·汉弗莱(Laurie Humphry)以及其他所有译员,他们帮助我重新认识到,即使你不明确告知一个人如何去做,他也完全有可能掌握观察的技巧。

我要向美国国家科学教师协会(NSTA)的克莱尔·莱因伯格(Claire Reinburg)表达最诚挚的谢意,他对我的工作充满信心,使我的第一、二、三部书得以顺利出版,目前第四部书即将付梓。同样感谢编辑安德鲁·库克(Andrew Cocke),他帮助我完成了出版的一些关键步骤。此外,还要感谢我美貌与智慧并存的可爱妻子凯瑟琳(Kathleen),她不仅大力支持我的工作,提出批评建议,为图书制作插画,而且认真编辑初稿。

最后,我还要感谢所有孩子们,他们热爱这个生活其中的世界。感谢他们的父母和老师,教会他们如何通过学习科学认识这个世界。

前言

地球与空间科学(Earth and Space Sciences,ESS)涵盖了包括地球在内的所有空间——宇宙及其星系。我始终认为,由于地球与空间科学牵涉其他各种科学分支,因此应当在中学和大学课程中放到最后再学。如果不懂研究化石的生命科学,就无法学习地球的历史;如果没有物理和生物学基础,就无法学习行星知识。火星探测器在火星这颗红色星球上初次留下痕迹的同时,正在寻找火星是否有水的证据,寻找火星是否有过生命存在的迹象,至少说来,寻找火星是否有生命存在的先决条件。请思考下面引自《科学教育框架》的一段话(国家研究委员会,2012):

> 因此,地球与空间科学的主要研究内容实际上是跨学科的,涉及天体物理学、地球物理学、地球化学以及地球生物学等学科。然而,地球与空间科学的基础依然是以辨别、分析与测绘岩石为主要内容的传统地质学(169 页)。

在这些日常故事里,你会发现气候、分解以及天文学等知识。你需要跟学生一道踏上探索拜尔山(Bare Mountain)①的地质之旅。你将学习时间、蒸发、空气、气压以及概率等概念。这些故事都与国家研究委员会《幼儿园—12 年级科学教育框架》(2012)推荐并解释的科学原理、交叉概念(crosscutting concept)和核心理念契合。

这些故事在不同学科中自成体系,因此,在本丛书涵盖的三个领域中,那些只

① 拜尔山:位于马萨诸塞州,海拔 309 米。参见第十九章。——译者注

教授某一学科的老师也可以非常方便地加以利用。然而，值得重申的是，交叉概念涉及所有学科的各种科学原则。即使有可能，我们也很难孤立地教授任何一个科学概念。科学是一个人人机会均等的领域，不仅仅是涵盖各个专业的框架和理论，而且拥有自己的结构和历史。

我们希望，这些开放式的故事能够助你一臂之力，激励你把探究式教学引入你的课堂。请你务必了解本丛书其他学科的故事，把各种探究式教学所需要的科学实践、交叉概念以及核心理念融会贯通。

绪论
在课堂上使用故事教学的案例分析

我想首先给你讲述《日常科学之谜（一）》（*Everyday Science Mysteries*, Konicek-Moran，2008）中的一个故事，然后向你展示两位老师在教学中如何使用这个故事，两位老师分别是二年级的特蕾莎和五年级的劳丽。在接下来的章节中，我将解释一下本书的写作理念和内容安排，然后讲述各个故事以及相关的背景材料。第一册的故事题目是“橡子去了哪里？”

橡子去了哪里？

在安德森家后院高高的橡树上，松鼠奇克丝（又叫“腮帮儿”）从她那用树叶搭成的小窝里向外张望着。此时正值清晨，大雾像棉被一样笼罩着山谷。奇克丝舒展伸展灰蒙蒙、毛茸茸的美丽身躯，四处张望。她感受到八月清晨温暖的空气，翘起蓬松的灰色大尾巴，抖动了几下。“腮帮儿”这个名字是安德森一家给她取的，因为她每次在院子里悠闲漫步或飞奔而过，塞满了橡子的两腮总是鼓鼓囊囊的。

“我今天有事情要做！”她寻思道，想象着要把那些饱满的橡子收藏起来，为即将到来的寒冬时节做好准备。

奇克丝现在面临的最大难题并不是采集橡子。这里到处都是橡树和橡子，院子里所有灰松鼠加在一起也吃不完。问题是等到天气转冷、皑皑白雪把草地覆盖之后，如何才能找到橡子。奇克丝嗅觉灵敏，有时候能嗅出她自己之前埋下的橡子，但不是每次都能做到。她需要想出一种办法来记住自己是在哪里挖洞埋橡子的。奇克丝记性不好，而院子又太大，对她那个小脑袋瓜而言，要把所有挖过的洞都记住实在太难了。

太阳已经从东方升起，奇克丝从树上溜下来开始找果子吃。她还得让自己吃胖些，这样，在找不到东西吃的漫长冬日里才能不受冻挨饿。

“怎么办？怎么办？”她一边摇着尾巴一边思索着。就在这时，她看见草地上有一片阴影，阳光照不到那里。地上那片阴影有一定的形状，阴影的一端位于树干与大地的交会处，另一端与树干之间有一小段距离。“我明白了，”她想。“我要把橡子都埋在那片阴影的尽头处，等天冷的时候再回来把它们挖出来。瞧我多聪明！”奇克丝自言自语，然后就开始采集橡子、挖洞贮藏。

第二天，她又找到另一片阴影，然后如法炮制。接下来几个星期时间里她都在忙着采集橡子、挖洞贮藏。这个冬天她肯定可以高枕无忧了！

几个月过去了，白雪覆盖了大地和丛林。奇克丝大部分时间都蜷缩在树上的小窝里。一个清新的早晨，天空刚刚放亮，她低头看到地上的阴影，与洁白明亮之处形成了鲜明的对比。突然，她胃口大开，想要尝一尝鲜美多汁的橡子。她想：“哦，对了。是时候把我埋在阴影尽头的那些橡子挖出来了。”

她从树上跳下来，飞快地穿过院子，跑向那片阴影的尽头。一团团雪花随着她飞奔的脚步不断被扬起，随后又飘落到大地。她心中暗想：“我真是太聪明了。我知道橡子在哪里。”她感觉自己已经快跑到树林边缘，而以前似乎没跑过这么远。但是她的记性不好，也就没管那么多。然后，她跑到那片阴影的尽头处，开始挖啊挖啊挖啊！

她不停地挖啊挖啊！什么也没有！“也许我埋得深了点儿。”她想，有点上气不接下气。于是她挖得越来越深，还是什么都没有。她跑到另一片阴影的尽头开挖，依然什么都没有。她嚷道：“可是我明明记得是埋在这里的呀，它们都去了哪里？”她既生气又想不通。难道别的松鼠把橡子挖走了？那样不公平！难道它们凭空消失了？这些阴影又是怎么回事？

两位教师分别是如何使用“橡子去了哪里?”这个故事的

特蕾莎，资深二年级教师

每年新学期开学第一课，特蕾莎讲授的内容通常都跟“秋天和变化”相关。今年，她翻阅了《国家科学教育标准》(*National Science Education Standards*, NSES)之后，认为把第一课换成“天空和周期变化”也不错。既然影子是孩子们经常会注意到的现象，也是他们在操场玩游戏时经常会用到的东西(例如踩影子游戏)，特蕾莎认为使用松鼠“腮帮儿”的故事恰到好处。

首先，特蕾莎认为非常重要的一点是，需要了解孩子们对太阳以及物体投射阴影的知识究竟掌握了多少。她想弄清楚哪些知识是孩子们和奇克丝都已经掌握的，哪些知识是孩子们掌握但奇克丝并不掌握的。她让孩子们围坐成一个圆圈，这样大家可以相互看见对方并听见对方的发言。然后，特蕾莎把故事念给孩子们听。她一边阅读一边留心观察，确保孩子们听明白奇克丝是在夏末的时候决定在哪里埋下橡子，而在冬天开始寻找。特蕾莎让孩子们说说自己对奇克丝所见到的那些影子有什么看法。她在一张记录纸上写下标题“目前我们的最佳思维榜”。孩子们发表自己的“高见”，特蕾莎在一旁如实记录：

“影子每天都会变。”
“影子在冬天变长。”
“影子在冬天变短。”
“影子每天都会变长。”
“影子每天都会变短。”
“影子根本不会变化。”
“影子不是每天都出来。”
“你动的时候影子也会动。”

她问孩子们是否可以在每句话里加一两个字，以便于大家一起去验证。这样，她把上述陈述句变成了如下的问句：

“影子每天都会变吗?”

“影子在冬天变长吗?”

“影子在冬天变短吗?”

“影子每天都变长吗?”

“影子每天都变短吗?”

“影子究竟会不会变化?”

“影子是不是每天都出来?”

“你动的时候影子也会动吗?”

特蕾莎让孩子们重点讨论通过哪些问题能够帮助奇克丝解决困境。孩子们选择了“影子在冬天会变长还是会变短?”以及“影子究竟会不会变化?”这两个问题。特蕾莎要求孩子们根据自己的经验来做出预测。有些孩子说,随着冬天来临影子会变得越来越长,有些孩子的观点恰恰相反。孩子们对于影子到底是否会发生变化虽然尚存疑问,但是他们一致认为随着时间的推移影子很可能会发生变化。如果他们能够找到证据证实影子确实会发生变化,那么这个问题就可以从列表中画掉。

现在,孩子们需要找出办法来解答那些问题并验证原先的预测是否正确。特蕾莎帮助孩子们了解什么是公平实验,问他们如何着手解决那些问题。孩子们几乎立刻意识到,应当每天对同一棵树的影子进行测量并做记录,而且应该在每天同一时间对同一棵树的影子进行测量。他们拿不准测量的时间有什么重要性,只是觉得这样做才能确保公平合理。尽管为所有问题找到各自相应的证据也很重要,但是特蕾莎认为,在目前阶段,要是让学生多管齐下、搜集多种问题的证据,可能会令他们感到无所适从。

特蕾莎查看了室外的地形后发现,大部分树木的影子在冬天都会变得太长,甚至延伸到教学楼上,难以测量。如果硬要这样做,虽然也不失为一种学习体验,但孩子们经过数月辛勤劳动后最终毁于一旦,非常容易产生挫败感。她决定说服孩子们用一棵人造“树”来代替,人造树很小,不会引发影子太长的问题。令她吃惊的是,孩子们没有任何异议,他们认为:“只要我们每天测量的是同一棵树,结果依然是公平的。”于是特蕾莎用木钉做了一棵大约 15 厘米高的树,孩子们坚持在顶端粘了一个三角形,使它看上去更像一棵树。

孩子们一起来到室外，选了一个太阳光线不受任何遮挡的地方，开始测量。特蕾莎担心孩子们还不能熟练使用直尺或卷尺，便让他们使用一根纱线测量影子从树干基部到树冠顶端的长度，然后把这根纱线粘在墙上的图表中，纱线下面标注测量的日期。孩子们很高兴这么做。

第一周，学生每三人一组每日都到教室外进行测量。到了周末，特蕾莎注意到影子长度每天变化太小，也许应当让孩子们每周测量一次。这样效果就好多了，墙上的图表不再那么“拥挤不堪”，却依然能够显示出可能发生的重要变化。

数周之后，影子的长度明显每周都在增加。特蕾莎和学生们讨论影子变长的原因，学生们用手电筒实验，发现把手电筒放低的时候铅笔的影子会变长。如果是这样的话，太阳的高度肯定也变低了，同学们把这个观察结果也记录下来。后来，特蕾莎表示，她当初应该让学生每人都准备一个科学笔记本，这样就可以更清楚地了解每个学生对这个实验的看法。

纱线图显示的情况一清二楚，现在剩下的唯一问题似乎是：“影子最终会变多长？”特蕾莎带领同学们重温了奇克丝的故事，同学们茅塞顿开：奇克丝埋橡子的实际位置或许比冬天影子指示的位置距离大树更近一些。特蕾莎继续讲授下一单元关于秋季变化的内容，但是每个星期依然往图表上增加一根纱线。特蕾莎感到欣慰的是，她可以同时讲授两个单元的内容，而且依然能够让孩子们在每周测量之后对这个实验兴致勃勃。寒假过后，孩子们发现影子开始变短，兴奋极了。实际上，影子变短的时间始于 12 月 21 日前后的冬至，但那时孩子们还在假期，直到元旦以后假期才结束。现在，问题又变成：“影子会继续变短吗？到什么时间为止？”冬去春来，整个学年接近了尾声。每个星期的测量活动仍在继续，每个星期同学们也对获得的数据进行讨论。图表上粘满了纱线，影子的变化趋势已经显而易见。影子从去年秋天开始测量时变得越来越长，而到了元旦以后开始变短。“影子会变多短呢？”“影子会短到没有吗？”这些问题被添加到了图表上。在学期结束前的最后一周，孩子们讨论他们的结论，他们确信秋天到冬天这段时间太阳位置比较低，物体投下的影子比较长，而新年过后太阳位置逐渐升高，影子逐渐变短。同学们还意识到季节也在变化，太阳位置越高意味着天气越暖，树木开始长出叶子。同学们已经开始学会思考天空中的季节变化，并把它们与季节循环联系在一起。至少特蕾莎是这样认为的。

在六月最后一次小组碰头会上，特蕾莎问同学们，他们认为接下来的九月影子会变成什么样子？他们认真思考了一番之后说，既然影子越变越短，到了九月，影子肯定会消失不见或者短到无法测量。天哪！他们根本不知道“循环”这个概念，也难怪，因为他们还从来没就此讨论过。从图表上可以明显看出影子有继续变短的趋势，然而，特蕾莎知道到九月她就没有机会继续带领他们做这个实验了，不过她打算跟三年级教研组谈一谈，请他们把这个实验至少再坚持做几周，这样孩子们将会看到今年九月与去年九月的数据相吻合。然后，孩子们也许会联想到季节变化，当然，这些体验在他们升入高年级后也有用处，因为季节及其成因是高年级大纲规定的内容。尽管这项研究工作存在上述种种缺憾，对孩子们而言却是一次非凡的体验，他们借此难得的机会设计实验并收集数据来解答松鼠故事中的问题，符合他们的知识发展水平。特蕾莎认为，同学们为了解决奇克丝遇到的难题，长时间进行实验调查、收集数据并得出结论，基本达到了教学目标，或者至少取得了一定进展。下一步，她将会跟三年级教研组谈一谈这个问题。

劳丽，资深五年级教师

九月，我在学校工作的时候去劳丽任教的五年级班里征求意见。我给学生朗读奇克丝的故事，问他们认为这个故事最适合用于哪个年级。他们觉得二年级最合适。根据他们的观点，特蕾莎当初使用这个故事的决定似乎完全正确。

然而，特蕾莎开始使用这个故事一周后，我收到了劳丽的来信，向我诉说她的学生老是问她各种关于影子、太阳以及季节的问题，问我能否给予帮助。虽然五年级的学生坚持认为这个故事适合于二年级，但是他们也对这个故事着了迷，开始探讨影子的问题。这样一来，两个班级都对奇克丝遇到的难题表现出兴趣，而他们的知识水平处于两个不同层次。五年级学生的问题是关于影子的长短、方向以及季节性变化，他们会问：“为什么会发生这样的变化？”劳丽想用探究方式来帮助同学们找到答案，然而需要一些帮助。虽说奇克丝的故事向他们的好奇心打开了一扇门，但是我们认为，或许编写一个关于海盗埋宝藏（跟奇克丝埋橡子类似）的故事更适合五年级学生去探索。

劳丽查阅《国家科学教育标准》关于五年级教学要求的部分发现，需要学生学会观察并描述太阳的位置和运动，以及研究天空中的自然物体及其运动方式。但是，我们认为，研究实验应当由学生们的问题作主导。劳丽对 5E[engage（接触），

elaborate(梳理),explore(探索),explain(解释),evaluate(评价)]探究法很感兴趣(5E 探究法将在本节随着故事展开而逐一介绍),既然孩子们已经处于“接触”阶段,接下来便进入“梳理”环节,劳丽需要深入了解学生的既有知识水平。因此,劳丽在下节课一开始就问学生,他们对奇克丝用到的影子以及影子成因“知道”多少?同学们说:

“影子上午较长,中午较短,下午又变长。”
“中午没有影子,因为太阳处于头顶正上方。”
“影子在每天的位置都是固定的,因此我们可以根据影子判断时间。”
“影子在夏天比冬天短。”
“你可以在地上竖一根棍子,通过它的影子来判断时间。”

跟特蕾莎一样,劳丽也把这些陈述句改成了问句,然后,他们进入了 5E 探究法的“探索”阶段。

幸运的是,劳丽的教室门正对着一片阳光充足的草坪。学生们制作了一些三十平方厘米大小的木板,在木板中间钻了几个孔,每个孔里塞入一根牙签。他们在木板上贴上白纸,每半个小时在纸上沿着影子画线。每天下午,他们把木板拿回教室并讨论测量结果。关于每天放置木板的位置不同是否会产生不同结果,同学们讨论了很多。

他们收集的数据太多,情况变得有点复杂。一名学生建议使用幻灯片记录影子数据,然后把胶片叠放在一起看看影子发生了什么变化。大家都认为这个主意很妙。

劳丽向同学们介绍历书《老农年鉴》(*Old Farmer's Almanac*)以及日出日落和白天时长的图表,由此引发了一场令人兴奋的探究活动,还用到了数学知识。劳丽让学生观察某一天的日出和日落时间,计算白天的时长。同学们在计算时足足花了十分钟,劳丽让每个小组在全班面前演示他们的计算过程。同学们采用了至少六种不同的计算方法,大多数都得出了相同的答案。他们惊奇地发现,虽然采用的方法各种各样,但是殊途同归。同学们一致认为,有几种方法相对而言比较简便,使用 24 小时制是最容易的方法。令劳丽感到欣喜的是,学生找出的计算方法竟然那么多,他们通过这次科学探索必然对时间的理解更加深刻。

这件事也表明，孩子们有能力提高自己的元认知（对自己的思维方式进行反思）水平。研究表明（Metz，1995），小学生不善于对自己的推理方式进行反思，但是，他们可以通过亲身实践或他人鼓励来做到这一点。如果学生要开展探究调查，元认知的作用非常重要，因为他们需要了解如何处理信息以及如何学习。在这个案例中，劳丽让学生解释他们是如何解得出白天时长结果的，这样他们在解决问题的过程中思路变得越来越清晰。他们还可以从同学那里学会反思自己的思维过程，因为同学们所处的知识发展水平大体相当。小组讨论或者全班讨论的方式可以让老师借机深入了解孩子们解题的思路。学生在阐明解题技巧时，老师可以让他们具体说一说解题的思考过程：无论成功的经验还是失败的教训。学生们还可以利用笔记本记录他们如何思考问题以及找到答案的过程，由此促进元认知能力的发展。鼓励学生把解决问题的方法用口头或书面形式表达出来，能够帮助他们了解自己在将来如何更好地利用推理技能。

这里我需要提及的是，同学们继续收集数据的同时，劳丽则接着讲授其他单元的内容。她会定期抽出一两天时间重新回到关于影子的单元，以便学生能够及时处理他们的研究发现。几个月以后，学生已经准备好要做一个模型来解释他们的证据，只是尚需老师帮助。劳丽给学生提供了地球仪和黏土，以便他们把观测对象放置在地球仪的相应纬度上。学生使用手电筒来重复自己的实验。由于所有地球仪都是倾斜 23.5 度，于是引出了一个问题：地球仪为什么都要制造成这样？接下来就进入了“解释”阶段，劳丽提示同学们想一想，能否利用地球的倾斜现象来解释影子以及太阳在天空中的视运动。

学生们制作了海报，用以解释地球倾斜以及每年地球围绕太阳转动如何造成季节更替。他们对自己的理解水平进行“评价”，并予以适当“拓展”。劳丽认为，这是一次非常成功的“6E”探究教学实践，涵盖了接触、梳理、探索、解释、评价以及新增的拓展（extend）阶段。

参考文献

Konicek-Moran，R. 2008. *Everyday Science Mysteries*. Arlington，VA：NSTA Press.

第一章
本书的理论背景

我们都曾听说，人们往往把科学课堂上出现的任何活动都称为“实验”。实际上，鉴于当今的科学课程授课方法，真正的实验几乎不存在。按照实验的定义，实验是用来验证假设，而这些假设在当今的科学教学中几乎不存在。假设是任何实验的一个必要组成部分，是人提出来的，他花费大量时间沉迷于某一个难题，感觉有必要提出一个理论来解释自己迷惑不解的地方。

然而，即使没有适当的假设，我们也可以研究自己面对的问题，这种做法既常见又合理。我们可以采取“公平实验”方式进行研究，这种做法可能尤其适合小学课堂，因为小学生往往没有足够的经验，无法提出具有真正科学意义的假设。不久前，我曾问一个四年级女生什么是“公平实验”，她回答说：“公平实验就是结果是我所期待的实验。”我们可以想见，即使到了小学四年级，学生们依然不知道如何适当控制变量。我们有必要重申这一点。

假设不仅仅是猜测。假设往往包含“如果……那么……”的语句，例如：“**如果**我把一支温度计放在手套里，而温度保持不变的话，**那么**手套可能不会产生热量。”在学校科学课程中，预测也不应当仅仅是猜测或预感，而应当建立在经验和缜密思考的基础上。要求孩子们对自己的预测做出合理的解释，这是一种很好的办法，可以帮助他们看出猜测与预测之间的区别。

大多数学校的科学课程都缺乏两个要素：学生需要充分的*时间*去认真思考那些*在现实生活中具有意义*的问题。可能的情形是，学生往往拿出一定的时间去“涉猎”某个领域的研究（比如池塘生物），他们阅读相关资料，观看模型展示，跟专家一起到池塘实地考察，单人或集体撰写关于池塘各种动植物的报告，利用鞋盒制作池塘模型或利用纸张制作巨幅海报等。或者，他们可能对太阳系进行研究，根据各大行星的具体数据撰写科学报告，全班制作一个太阳系模型挂在教室的天花板上，认为这样就大功告成。这些做法当然很有趣，但是问题在于，学生不可能从这些做法中发现真正的问题，他们不需要开动脑筋，不需要利用集体智慧苦思冥想、提出假设或实验验证。

你肯定注意到，大多数科学课程都含有一系列“批判性的”活动，学生通过参与这些活动可能找到理解某一概念的钥匙。在大多数情况下，人们往往认为，学生开始学习某一新单元之前已经具有关于某些概念的常识或前概念(preconception)，而批判性的活动有助于学生理解那个科学概念。这种想法极其有害，因为研究表明，学生在开始学习新东西以前前概念水平不尽相同。这些知识不仅在学生的大脑中根深蒂固，而且极难改变。如果学生的知识水平跟事先设计好的教学活动没有多少关系，尤其是如果老师不充分了解学生的前概念，那么让他们参与这些事先设计好的活动便毫无意义。

邦妮·夏皮罗(Bonnie Shapiro)在其著作《孩子们如何发现光的秘密》(*What Children Bring to Light*, 1994)中以毋庸置疑的细节向我们指出，一位用心良苦的科学教师如何引导学生进行一系列关于光的性质的活动，却不知道班里学生都存在同样的误解：人之所以能够看见物体，是因为人用眼睛去观看，而不是因为来自物体的光线反射进入人的眼睛。这些活动用意虽好，却是在做无用功，因为尽管学生已经“搞定老师”(而不是搞定问题)，能够填写相关表格并在本单元学习结束时通过考试，却始终对下面这个关键概念持怀疑态度：来自物体的光线反射进入人的眼睛，让人看见了物体。“*搞定老师*”意味着学生对老师的行为、技巧、语言方式和教学方法了如指掌，他们能够准确预测老师有什么想法，什么事情能让老师高兴或生气，如何表现才会让老师相信他们已经学到并掌握她希望传授给他们的概念。

埃莉诺·达克沃思(Eleanor Duckworth)在其专著《发明密度》(*Inventing Density*, 1986)中说道：“批判性的实验本身并不能告诉你任何东西。一个人必须在实验之前就完成研究工作的绝大部分。一个人必须首先形成一整套理念，然后才能利用实验加以验证。”这可能是本书最重要的一段引语！

教师如何能够判断学生是否形成了一整套内嵌课堂活动的理念？教师如何能够发现学生脑海中是否存在关于将要学习内容的错误想法？我相信，本书可以为这些问题提供一些答案，并为纠正上述错误提供一些建议。

探究究竟是什么?

关于“探究式教学”,可能还没有一个确切的定义,目前,这方面公认的权威是国家研究委员会(National Research Council, NRC)和美国科学发展协会(American Association for the Advancement of Science, AAAS)。毕竟,这两家机构分别制定了《国家科学教育标准》(1996)《科学素养基准》(*Benchmarks for Science Literacy*, 1993),而大多数州的课程设立标准均以此为。因此,我将使用它们给出的定义,并把该定义贯穿于全书之中。国家研究委员会在《探究和国家科学教育标准:教学指南》(2000)中指出,必须具备以下五个基本要素,才能称得上真正意义的探究教学:

- 学生参与以科学为导向的问题研究。
- 学生面对问题时首先注重证据。
- 学生从证据中找出合理的解释。
- 学生把解释与科学知识联系起来。
- 学生把解释拿出来相互交流并加以论证。(p. 29)

实际上,国家研究委员会大力提倡,学生在校期间随着年龄增长,应当更多依靠自己而逐渐减少对教师的依赖。国家研究委员会还明确指出,并非所有的科学课程都应当采取同样的教学方法。采取灵活多样的方法进行科学教学,不会让学生感到枯燥乏味,而且效果更为明显。向学生做示范、引导学生进行讨论、让学生解决老师提出的问题、加入富有创造性的科研活动等,这些都是切实可行的教学方法。然而,国家研究委员会也建议,无论采取哪种教学模式,都应该具备以下共同点:

- 学生参与科学问题、事件或现象的研究,而这些问题、事件或现象与他们已经具备的知识存在联系,却又与他们既有的观点不一致。换句话说,他们通过科学现象的研究来纠正自己的前概念。
- 学生直接接触科学材料,提出假设,验证假设,并对已发现的问题找出合理的解释。

• 学生对各种材料进行分析、阐释，根据材料开发各种模型并找出合理的解释。

• 学生把新学到的知识在新的环境中加以应用。

• 学生培养自己的元认知能力（对自己的思维过程进行反思），回顾自己学到了什么以及如何学到的。

利用本书中的故事激发学生积极参与探究式科学学习过程，你会发现，你和学生将有机会实现上述各种目标。

著书原因

根据《科学教育》（*Science Education*）杂志关于当前科学教育思想的一篇总结文章，“一个结果似乎反复出现：如果学生在课堂上通过诱导式的动手实践学习科学，既得到充满爱心的老师鼓励，又获准与同学一起处理遇到的各种问题，那么他们在离开科学课堂以后，对待科学的态度会更加积极，（并且以自己有幸亲身参与科学探索而倍感自豪）”（1993）。

这本书（尤其是书中的故事）给学生提供了宝贵的机会：他们在学习上可以当家做主；正如上面引文所言，以这种方式学习，将会促使他们对科学持有更加积极的态度；他们乐意跟同学和老师一起学习。若要充分利用本书中的故事，就需要学生进行小组讨论，勤动手、多动脑，还需要老师热情帮助。

故事

本书的故事有点像侦探小说，侦探小说最后一节总是由聪明的侦探解开谜团，不仅告诉读者“是谁干的”，而且讲述她如何查出真相，本书的故事则故意略去最后一节。书中故事的设计思路是，让学生们变成侦探，寻找“嫌疑犯”（假设或预测），展开调查（实验或调查），找出“是谁干的”（结果）。换句话说，需要学生自己续写故事的结局或者多种可能的结局。正如达克沃思建议的那样，置身于故事的情景，学生们从一开始就逐渐形成“一整套内嵌各种科学活动的思想体系之中”（1986，39

页)。学生还是科学活动的设计者,因此会全力以赴寻找合理的答案。我希望学生们搞定问题而不是搞定老师。然而,我想再强调一下,我们都应该明白,成功的学生确实也需要花精力来搞定他们的老师。

在一个故事(《冷静点,伙计!》)中,罗莎和朋友们想要知道,碎冰是否比冰块使饮料冷却更快。她们需要思考这两种形状不同的冰在热传递方面有什么差异。的确,这样的研究过程与结果正是科学本身。这个故事还意味着问题的"主动权"掌握在学生手中。这就是我们所说的"自己动手、自己动脑"科学教育方式。老师应当相信学生有能力发现问题并通过实验得出结论,这一点在科学教学中至关重要。每一个故事都会给出具体建议,帮助老师如何引导学生从阅读故事转向发现问题、提出假设以及调查研究,最终找到问题的答案。

通过探究方式学习科学是当今教育的基本原则。你也许会问:"相反的学习方式是什么?"那就是把科学当成是一成不变的信息、理念和原理死记硬背,毫不理会这些东西的来龙去脉。显然,我们不可能指望学生有能力发现各种科学模型与概念。然而,我们衷心希望他们能够把科学探索与验证过程当成一种享受。我们还希望他们能够明白,科学研究不仅仅是课堂上发生的那些事情,他们在日常生活中遇到的种种事情都与科学息息相关。探索蒸发过程、思考世界各地的月相变化、审视窗户上的霜花等,这些只是日常生活与科学息息相关的几个常见例子,通过这种方式可以培养我们的思维方式,建构我们了解世界的新知识。

本书共有 19 个故事,分别针对不同的概念领域,比如天文学、热传递、蒸发、地质学以及地理学等。老师可以把每个故事复印分发给学生阅读与分组讨论,或者,老师把故事大声朗读给学生听,由全班共同讨论。在讨论过程中,老师的主要任务是,帮助学生发现一个或多个问题,并帮助他们设计各种方案找出问题的答案。

大多数故事还包含几个"干扰项"(又称常见的错误概念或相异概念)。故事里的人物讨论问题情境时往往众说纷纭,我们便把干扰项巧妙地安插其间。例如,在《温室里的春天》这个故事里,家庭成员就种子发芽需要准备哪些条件争论不休,每个人都有他自己的前概念或错误概念。研究人员花费多年时间才弄清楚这些错误概念,一些文献把人们最容易犯的错误(无论是孩子还是成人普遍抱有的错误认识)记录下来。这些常见的错误概念从哪里来,它们又是如何产生的?

思维模式的发展

直到不久前，教育实践留给人们的印象是，儿童或成人在接触新的学习内容时，他们原先拥有的知识储备对学习新内容并无促进作用。然而研究表明，在几乎任何情况下，学习者为了解释日常生活中遇到的各种现象，头脑中已经形成自己特有的思维模式（Bransford，Brown and Cocking，1999；Watson and Konicek，1990；Osborne and Fryberg，1985）。我们都有过下面这样的体验，把手放在不同的物体上会感到温度有所不同。我们都见过物体处于运动之中，或者乘坐过汽车或飞机等正在移动的物体。我们都经历过力的作用，作用在物体上或自己身上。我们都会尝试寻找各种办法，最终形成自己特有的思维模式，按照自己满意的方式解释这些现象。或许，很多人都读过书或者看过电影、电视，他们尝试借用书籍或影视中呈现的方法或图像形成自己的思维模式。或许，他们曾经在课堂上听到老师或者其他同学讨论这些现象。在电影《私人宇宙》（*A Private Universe*）（Schneps，1987）中，几乎所有接受采访的哈佛大学毕业生和老师都对季节更替的原因或者月相变化的原因存在一些错误认识，而他们中很多人都曾在高中或大学上过高级科学课程。

根据目前流行、占主导地位的建构主义学习理论，一个人一生中的各种体验都会进入他的大脑思维之中，这些体验要么被大脑接受，要么被拒绝，甚至被修正，以适应头脑中固有的思维模式。然后，这些模式在日常生活中被用于预测可能出现的结果，以此检验它们是否有效。如果一个模式行得通，就会被接受；如果行不通，人们就会对其进行修正，直到自己认为满意为止。不管怎样，这些模式存在于每个人的大脑之中，一旦遇到新情况，就会被唤醒。有些模式或许与当今的科学思维相一致，然而，它们通常属于"常识科学"，与当今的科学思维背道而驰。

导致这种现象产生的原因之一在于，科学思维往往与人们的直觉思维恰恰相反。例如，当你把手放在房间里的一块金属上，你会感觉很凉。如果放在同一个房间里的木头上，则感觉较为暖和。很多人就会推断，金属比木头的温度低。然而，把各种物体放置在同一房间无论多久，它们的温度都是相同的。其实，当你把手放在金属上，手的热量会很快传递至金属，于是你感觉金属很凉。木头传递热量的速度不像金属那么快，因此你"感觉"比金属要温暖一些。换句话说，我们的感觉愚弄了我们，让我们误以为金属比其他任何物体都冷，殊不知房间里的一切物体都处在室温状态下。因此，我们得出了错误结论：金属物体总是比房间里其他物体都要凉。的确，如果你从一间房子走到另一间房子，用手触摸很多物体之后，那么你的错误观念不断得到强化，变得越来越难以纠正。

这些观念有很多种叫法——误解、前概念、儿童思维或常识性观点。它们有两个共同点：它们在人们的头脑中根深蒂固，非常难以改变。最后，如果任由其发展下去，这些概念将会左右学生的思维方式，你无论采取什么方法解释某个科学知识要点（例如热传递），他都会拒之门外。

我们的第一印象往往是，这些前概念毫无用处，应当尽可能抛到一边。然而，它们其实很有用，因为它们是孕育新观念的母体，需要我们加以修正，向科学思维的正道慢慢引导。只有当学习者对旧观念感到不满，意识到新观念效果更好，新观念才能取代旧观念。老师的任务是，向学生的前概念发起挑战，鼓励他们尝试以全新的方式思考问题，找出更具有说服力、适用范围更广的新观念。

为什么要讲故事?

为什么要利用故事进行教学？主要是因为故事是吸引人注意力的有效方法。自从有历史记载以来，甚至或许比这还要早，故事就在人类中间出现。自从有历史记载以来，或者在更早的时候，故事就已经被广泛使用。神话、史诗、口头历史、民谣、舞蹈等，人类利用这些形式把文化一代代传承下去，永无止境。任何人只要在教室、图书馆或床头等处听过或读过故事，就会感受到构思巧妙、扣人心弦的故事魔力之所在。故事有开头，有过程，有结尾。

本书故事和大家熟悉的很多故事开头一样：地点是家里或教室里；孩子们与兄弟姐妹朋友或同学一起互动；在家里发生的故事中，一般会有父母或其他成人。然而，本书故事与传统故事的相同之处仅此而已。

科学故事通常都有一个主题或科学话题，往往给出大量事实、原则，或者给出一组插图或照片等，旨在向学生解释目前科学家对该主题的认识水平。多年来，科学书籍大都是回顾迄今为止的科学发现。这些书在教育中占有一席之地，不过，孩子们在阅读时得到的印象往往是这样的：科学家们开展研究工作，然后就奇迹般地“发现”了书中描述的各种科学真相和事实。但是，正如马丁和米勒（Martin and

Miller，1990)所言："科学家不仅仅是从自然中找出各种看似毫不相干的事实。科学家想要寻找的是一个*故事*(强调为笔者所加)。自然而然，这个故事的特点必定是*神秘*的。既然这个世界不肯向我们轻易吐露它的秘密，科学家就必须耐心细致地进行观察。"

随着本书故事逐渐展开，故事的发展与主人公的预期不一致，由此激起他们浓厚的兴趣，禁不住要刨根问底："这是怎么回事?"最重要的是，我们的故事结局与传统的故事不同，我们的故事具有马丁和米勒所谓的"神秘"特点，结尾往往给读者留下悬而未决的问题，吸引他们亲自去探索并撰写结局。

这些故事没有设置专家来解决问题、解释答案，也没有"科学博士"[①]给读者答疑解惑。父母、兄弟姐妹和朋友可能会发表各自的看法，提出实验方案供你参考，而你的任务就是要变成科学家，自己动手解决故事中的问题。

参考文献

American Association for the Advancement of Science (AAAS). 1993. *Benchmarks for science literacy*. New York: Oxford University Press.

Bransford, J. D., A. L. Brown, and R. R. Cocking, eds. 1999. *How people learn*. Washington, DC: National Academies Press.

Duckworth, E. 1986. *Inventing density*. Grand Forks, ND: Center for Teaching and Learning, University of North Dakota.

Martin, K., and E. Miller. 1990. Storytelling and science. In *Toward a whole language classroom: Articles from language arts, 1986—1989*, ed. B. Kiefer. Urbana, IL: National Council of Teachers of English.

National Research Council (NRC). 2000. *Inquiry and national science education standards: A guide for teaching and learning*. Washington, DC: National Acad-emies Press.

Osborne, R., and P. Fryberg. 1985. *Learning in science: The implications*

① 科学博士(Doctor Science)：此处有可能是作者仿照"华生医生"(Doctor Watson)造的词，在《福尔摩斯探案集》中，通常是华生医生对案情的来龙去脉进行条分缕析。——译者注

of children's science. Auckland, New Zealand: Heinemann.

Schneps, M. 1996. *The private universe project*. Harvard Smithsonian Center for Astrophysics.

Shapiro, B. 1994. *What children bring to light*. New York: Teachers College Press.

Watson, B., and R. Konicek. 1990. Teaching for conceptual change: Confronting children's experience. *Phi Delta Kappan* 71 (9): 680 - 684.

第二章
使用本书以及书中的故事

老师的教学任务繁重，他们往往很难设计出一些与学生日常生活经验相关的课程或活动。本书一个主要前提是，如果学生能够亲眼看到科学知识在实际生活中得到应用，那么他们就会积极开展既动手又动脑的科学实验，密切关注实验的结果。数十年来，科学教育工作者一直强调，学生在学习科学的过程中亲身体验科学实验极为重要。我坚信，利用开放式结局的故事能够激励学生们亲自动手做一些具有真正科学意义的真正实验，这种做法使他们朝着上述目标迈出了重要的一步。我还坚信，学生一旦看到自己的学习和实验具有实实在在的成效，就会更加容易理解所学的科学概念。我真诚希望，本书内容能够减轻老师沉重的教学负担，他们无须挖空心思从零开始自己设计课程或活动。

这些故事描写的都是孩子们在自然环境中的经历，例如在家里、在运动场上、在聚会中、在学校或在户外等。学生应当把自己想象成故事里的人物，对他们的挫折、忧虑和疑问等感同身受。老师最重要的任务是，为学生开展调查研究提供指导与帮助，听取实验活动的情况汇报，判断学生对实验结果与结论的分析是否合理。学生往往需要老师帮助才能进入下一阶段，从而提出新的问题，找到解决这些问题的方法并得出结论。我们的科学教育理念是，我们相信孩子们有能力并且有意愿去关心学习中遇到的各种问题，乐于亲力亲为。这种做法对孩子学习任何一门课程而言都能起到提高与促进作用。简而言之，学生在学习课程中应当占主导地位，由于学习兴趣是他们在实验活动中遇到问题时自发产生的，与被动追随他人主导下产生的兴趣相比，持续时间更为长久。

一位老师对我说，她遇到的最大问题之一是，不知如何引导学生对他们研究的课题提起“兴趣”。她说，学生们只是做做样子、走走过场。或许这个问题对你而言也并不陌生。我希望这本书能够帮助你们解决这一问题。我们很难做到让每节课都契合每个学生自身的状况。然而，只要我们平时对日常现象多加留意、引导学生细心观察，我相信我们能够洞察他们的兴趣所在。

如果你打算制订探究教学计划，我强烈推荐以下图书作为辅助材料。首先特别推荐的五本书是佩奇·基利（Page Keeley）等人编著、国家科学教师协会出版社出版的《了解学生的科学想法：25 条形成性评价探讨》（*Uncovering Student Ideas in Science*：*25 Formative Probes*）（1、2、3、4 册）以及佩奇·基利著、科文出版社（Corwin Press）和美国科学教师协会出版社联合出版的《科学课程话题研究》（*Science Curriculum Topic Study*）。《了解学生的科学想法》这套书能够帮助你发现学生在进入课堂之前已经拥有了什么样的前概念。《科学课程话题研究》旨在帮助老师在设计标准化的教学单元内容时为其提供必要的背景知识。我还强烈建议你阅读罗伯特·黑曾和詹姆斯·特利菲尔（Robert Hazen and James Trefil）合著的《科学问题：培养科学素养》（*Science Matters*：*Achieving Scientific Literacy*）。这本书在很多科学问题上可以为你提供帮助。这本书的语言简明扼要、表述准确得当，在你需要的时候可以为你提供必要的背景知识。最后，请你参阅《搞懂中级科学：洞察孩子的想法》（*Making Sense of Secondary Science*：*Research into Children's Ideas*）（Driver et al.，1994）。本书书名容易让美国老师产生误解，这是因为，在英国，小学水平以上的科学知识都被称为中级水平。《搞懂中级科学》是关于儿童科学思维研究的汇编，对老师们而言是必备的书籍，你可以参考这本书，深入了解学生在走进课堂之前脑海里已经拥有了什么样的前概念。

1978 年，戴维·奥苏贝尔（David Ausubel）就教学问题说了一句最简单却切中要害的话：“影响学习的最重要因素是学习者原先已经拥有的知识储备。老师弄清楚这一点之后，在教学中才能做到有的放矢。”我们给每个故事配备的背景材料旨在帮助你找出学生对相关主题已经知道哪些知识，帮助你在设计教学方案时如何利用他们已有的知识。上述几本书可以作为本书的补充，帮助你进一步深入了解探究式教学法。

本书内容安排

你可以利用概念矩阵(41 页)来选择一个与教学内容相关的故事。仔细查看这一矩阵,你可以在各个章节中找到相应的故事和背景材料。从第五章起,每一章的内容安排基本相同:首先是故事本身,然后是使用该故事的背景材料。背景材料包含如下几个部分。

目的

这一部分描述的是与故事相关的概念和/或主题。简而言之,它告诉你该故事在某个科学概念体系中所处的位置在哪里。当然,我们还可以把这一组概念放在更大的概念体系之中。

相关概念

概念是人类利用抽象方式从一群事物中提取出来的反映其共同特性的思维单位,表现形式为词或短语,例如冷凝、侵蚀、热传递及概率等。本书中每个故事旨在探讨一个概念,然而往往会涉及好几个概念。你会发现,教师背景材料中列出了可能存在关联的几个概念清单。你还应该查看一下那张故事与相关概念的矩阵图。

不要惊讶

大多数情况下,这部分内容主要是,预测学生在读完故事之后可能会做什么以及有什么反应。这些预测与故事内容有关,然而更侧重于学生对相关概念的理解程度。同样,我们做出的解释也会与故事内容相关,然而也侧重于学生对概念的理解过程。学生可能会在课堂上提出一些不同的概念,本书也为此给出了参考答案。在备课过程中,你甚至有必要自己动手做一做那些预测的活动,只有这样才能从容应对学生可能产生的不同观点。

内容背景

这部分内容是就每个故事涉及的概念为你举办一个速成的“培训班”,当然,本部分材料并不是很全面,但是提供了足够的信息,让你在使用故事本身以及设计课程与实际上课的时候做到游刃有余。大多数情况下，你还可以参考书籍、报刊以及互联网等的相关内容，以便自己对教学内容做好更充分的准备。重要的是，你对自己准备教授的内容应当充分了解，只有这样才能顺利引导学生进行探究式学习。当然，你不一定要成为所教内容的专家。与学生一起学习，能够帮你了解他们的学习方式，你还可以加入他们的学习小组，共同探讨各种自然现象背后的科学原理。

本书故事和《了解学生的科学想法》一书故事的主题交叉

本书里的故事	**《了解学生的科学想法》**			
	第一册	第二册	第三册	第四册
月亮的把戏	完整的月相周期	天空中的物体	无	月光；月食
月亮在世界各地是什么样子？	凝望月亮；完整的月相周期	天空中的物体；艾米的月亮和星星	什么是假设？	月光
夏令时	无	夜晚的黑暗；天空中的物体	这是理论吗？我和我的影子；星星去了哪里？	无
日出，日落	无	夜晚的黑暗；天空中的物体	这是理论吗？我和影子；星星去了哪里？夏天的谈话	野营之旅
请稍等一分钟	无	无	这是科学探究吗？	无
柴堆里藏有什么？	手套问题；物体和温度	无	温度计	全球变暖
冷静点，伙计！	弄碎饼干？它是在融化吗？袋子里的冰块	冰柠檬水；结冰	杯子里的冰块；温度计	冰水
新建的温室	物体和温度	无	温度计	全球变暖
坑里的水去了哪里？	潮湿的裤子	无	什么是假设？云是由什么构成的？	温水
小帐篷哭了	潮湿的裤子	无	水从哪里来？	野营之旅
橡子去了哪里？	无	无	我和影子；夏天的谈话	无

续 表

本书里的故事	《了解学生的科学想法》			
	第一册	第二册	第三册	第四册
最冷的时候	无	无	什么是假设?	野营之旅
结霜的早晨	无	冰柠檬水	无	野营之旅
园艺大师	海滩沙子;山脉的年龄	这是岩石吗#1	无	它是食物吗?
拜尔山一日游	探讨地心引力;海滩沙子;山脉的年龄	这是岩石吗(1和2);山顶的化石	地球的质量	无
可能性有多大?	无	无	什么是假设?	无
粉碎机在这里	无	无	什么是假设?	无
腐烂的苹果	无	它是植物的食物吗?	地球的质量;腐烂的苹果	它是食物吗?它是系统吗?
地球变得越来越重?	无	无	地球的质量;腐烂的苹果;什么是假设?	它是系统吗?

《国家科学教育标准》(1996)和《科学素养基准》(1993)中的相关概念

这两份文件被视为国家标准,大多数州以及地方标准文件均以此为依据。因此,本书故事中列举的概念几乎可以肯定完全符合你们当地的教学大纲要求。故事中有些概念虽然在国家标准中没有明确提出,但是存在密切关系。我建议你读一读《科学课程话题研究》(Keeley,2005),你在这本书中能够找到关于教学内容、学生的前概念、科学标准以及其他各种信息资源。虽然我没有在每个故事中专门提及,但是你可以认为所有故事都与《国家科学教育标准》和《科学素养基准》中探究学习部分的"标准 A"相关联。

如何在幼儿园—4 年级和 5—8 年级使用这些故事

这些故事已经在各个年龄段的孩子中间试用过。我们发现,书中概念适用于各个年级,只是深浅程度不同。有些故事的主题内容和角色设定在某一年龄段的孩子中可能会产生更多共鸣。我们只需要把人物的性格特征或者把人物的说话口气稍加改动，就能够吸引高年级或低年级的孩子们。主题应当保持不变，只需要对人物和情境进行一些改动。请参阅关于在高、低两个年龄段学生中使用故事的建议。

正如你在“绪论”部分的案例研究中所看到的那样，年级高低差异对决定哪些故事适合哪个年级的学生并不重要。两个年级都根据各自的知识水平提出不同的假设并进行实验。二年级学生发现了树影的长短在一学年期间的变化，对此感到非常满意；而五年级的学生能够开展更复杂的研究，其中涉及白昼时间长短随季节变化而不同、影子方向随时间变化而改变、影子长度在一年时间里发生变化等。关键在于，我们在刻画某些故事中的角色时，根据需要特意让他们更适合某个年龄段的学生。再次重申，我建议你把关于在幼儿园—4 年级和 5—8 年级“使用故事”进行教学的部分都读一读，因为其中任何一部分提到的概念都有可能适合在你的学生中使用。

你不需要使用高端技术设备。所需材料通常在厨房、浴室或车库等地都能轻易找到。每一章都包含该故事所涉原则和概念的背景知识，并为你提供所需材料的清单。这些建议都是我们根据自己的亲身经历提出的，因为我们曾经在孩子们中间试用过这些故事。虽然各地的教室、学校和学生大相径庭，但是我们认为，孩子们面对故事时的反应往往是提出问题并寻找答案，大多数人在童年时期都会经历这样的成长过程。与故事有关的问题等待学生解决，最重要的是，它们还会引发更多新问题，等待这些小科学家们进一步探索。

本部分还提供了一些教学建议，可以帮助你的学生积极参与探究学习，主动发现问题并最终给这些故事添加完整的结局（你一定还记得我们故意没有给故事设定结局）。本书没有给出具体的教学步骤或者一整套教学计划。显然，没有人比你更了解你的学生，了解他们的能力、学习水平以及优缺点等。不过，你会发现我们的一些建议和技巧对你开展探究教学很有帮助。你可以直接采用本书所给出的建议，或者根据自己的教学情况适当修改。关键在于，你应当充分激发学生的学习热情，让他们积极投身于解答故事谜题的行动之中。

相关书籍和国家科学教师协会的期刊文章

国家科学教师协会为教师准备的教学资源与日俱增，我们将在本部分精选一些图书和文章。我们列举的清单难免挂一漏万，国家科学教师协会会员可以免费在线阅读所有文章。

参考文献

关于每个故事背景部分所引用的文章和研究成果，我们将列出相关的参考文献。

概念矩阵

在故事部分的内容开始之前，我们给出一幅概念矩阵图，图中分别列出了与每个故事关系最密切的概念。可以根据这幅图选择最符合你教学需要的那个故事。

结语

我欣喜地发现，国家科学教师协会前主席迈克尔·帕迪拉(Michael Padilla)曾经提出一些问题，而它们与我当初决定要撰写关于探究教学参考书时提出的问题惊人的一致。在2006年5月号的《国家科学教师协会报告》中，帕迪拉先生在"主席致辞"中说道："为了在未来具有更强的竞争力，学生必须培养创造性思维能力，有能力解决问题，善于进行推理，积极学习新的、复杂的概念……[探究]能力是指：学习者能够像科学家那样思考，甄别哪些问题需要深入研究；能够开展步骤复杂的工作，排除各种杂念，专注于手头的研究；能够与同事一起探讨、切磋与争论；并根据各种反馈结果及时调整研究工作。"接下来，他问道："谁提出问题？……谁设计实验步骤？……谁决定收集哪些数据？……谁根据数据进行阐释？……谁把结果拿出来与他人分享并加以论证？……什么样的课堂气氛能让学生在探究教学中踊跃参与解决难题？"

我相信，本书就是针对上述问题，书中提供的技巧就是解开问题答案的钥匙，在理想的科学课堂上，开展这些活动的主体是"学生"。

参考文献

Ausubel, D., J. Novak, and H. Hanensian. 1978. *Educational psychology: A cognitive view*. New York: Holt, Rinehart, and Winston.

Driver, R., A. Squires, P. Rushworth, and V. Wood-Robinson. 1994. *Making sense of secondary science: Research into children's ideas*. London and New York: Routledge Falmer.

Hazen, R., and J. Trefil. 1991. *Science matters: Achieving scientific literacy*. New York: Anchor Books.

Keeley, P. 2005. *Science curriculum topic study: Bridging the gap between standards and practice*. Thousand Oaks, CA: Corwin Press.

Keeley, P., F. Eberle, and C. Dorsey. 2008. *Uncovering student ideas in science, volume 3: Another 25 formative assessment probes*. Arlington, VA: NSTA Press.

Keeley, P., F. Eberle, and L. Farrin. 2005. *Uncovering student ideas in science, volume 1: 25 formative assessment probes*. Arlington, VA: NSTA Press.

Keeley, P. F. Eberle, and J. Tugel. 2007. *Uncovering student ideas in science, volume 2: 25 more formative assessment probes*. Arlington, VA: NSTA Press.

Keeley, P., and J. Tugel. 2009. *Uncovering student ideas in science, volume 4: 25 new formative assessment probes*. Arlington, VA: NSTA Press.

Konicek-Moran, R. 2008. *Everyday science mysteries: Stories for inquiry-based science teaching*. Arlington, VA: NSTA Press.

Konicek-Moran, R. 2009. *More everyday science mysteries: Stories for inquiry-based science teaching*. Arlington, VA: NSTA Press.

Padilla, M. 2006. President's message. *NSTA Reports* 18 (9): 3.

第三章
使用本书的不同方法

撰写本书的初衷是为老师或成人面向幼儿园—8年级学生在非正式情境中使用的，尽管如此，既然书中故事和内容背景材料是为那些以探究方式进行教学的教师准备的，那么老师在使用过程中可以采取灵活多样的方法。下面我略举一二，介绍此书除了可以用于中小学正式场合之外，还有其他不同的使用方法。

把本书用作教学指南

马萨诸塞大学邀请我为教育专业的硕士研究生讲授一门课程，我便决定把《日常科学之谜》(*Everyday Science Mysterise*，Konicek-Moran，2008)这本书用作教材之一。本书的一个主要前提是，学生一旦对自己提出的问题产生浓厚兴趣，便会根据自己现有的智力发展水平和学习技能进行深入钻研。因此，尽管这些故事是为小学生设计的，然而我班里的研究生也能够发现与他们知识水平相适应、具有一定复杂性和挑战性的问题。

2007年秋季学期，在马萨诸塞大学阿默斯特分校，本书被用作一门名为“通过探究方式探索自然科学”课程的课本和教学指南。这门课程的大纲摘要如下：

通过探究方式探索自然科学

EDUC 692 O

2007年秋

授课教师

理查德·科尼赛克博士，荣誉教授

课程描述

本课程面向中小学教师，他们不仅需要提高自身对自然科学知识掌握的水平，而且需要了解如何把探究法应用于中小学课堂教学。自然科学包括生物科学、地球与空间科学以及物理科学等。教师需要利用探究技巧从上述科学领域选取若干主题进行探讨。所选主题均来自于日常现象，例如天文学(月亮与太阳观测)、物理学(运动、能量、热力学、声音以及周期运动)和生物学(植物学、动物学、动植物行为以及生物进化)等。

课程目标

预期学习目标：

- 了解自然科学三大领域的背景知识。
- 能够把这些知识融入教学之中。
- 就某一自然现象提出相关问题。
- 设计实验并利用实验回答问题。
- 分析实验数据并得出结论。
- 利用各种资源证明结论的合理性。
- 阅读与研究内容有关的科学文献。
- 把学到的理论与方法应用于教学之中。

与教育学院制定的概念框架之间的关系

合作：教师在班会期间应当以小组合作方式，学习科学知识以及教学方法与技巧。

反思实践：教师应当与学生一起探索并制定形成性评价标准。

通过多种渠道获得知识：教师之间应当把科学问题以及使用探究方法解决问题的经验拿出来分享。

评判、公平与公正：教师应当根据学生撰写的故事判断他们的理解程度。

基于证据的实践：教师应当通过探究方式探索形成性评价体系。

指定教材

Hazen, R. M., and J. Trefil. 1991. *Science matters*. New York: Anchor Books.

Keeley, P., F. Eberle, and J. Tugel. 2007. *Uncovering student ideas in science: 25 more formative assessment probes*, (vol. 2). Arlington, VA: NSTA

Press.

Konicek-Moran，R. 2008. *Everyday science mysteries*. Arlington，VA：NSTA Press.

参考文献

American Association for the Advancement of Science (AAAS). 2001.*Atlas of science literacy* (vol. 1). Washington，DC：AAAS. Washington，DC：Project 2061.

American Association for the Advancement of Science (AAAS). 2007. *Atlas of science literacy* (vol. 2). Washington，DC：AAAS. Washington，DC：Project 2061.

Driver，R.，A. Squires，P. Rushworth，and V. Wood-Robinson. 1994. *Making sense of secondary science*. London：Routledge-Falmer.

Keeley，P.，F. Eberle，and L. Farrin. 2005.*Uncovering student ideas in science*，*vol*. *1*. Arlington VA：NSTA Press.

第一册研究的主题

《日常科学之谜(一)》的内容都围绕故事而展开。本书在选择科学概念时主要依据国家研究委员会1996年制定《国家科学教育标准》中的核心概念。故事标题和相关的核心概念如下表所示。

地球系统科学

核心概念	故事				
	月亮的把戏	橡子去了哪里?	园艺大师	结霜的早晨	小帐篷哭了
物质的状态			×	×	×
状态变化			×	×	×
物理变化			×	×	×
融化			×	×	
系统	×	×	×	×	×
光	×	×			
反射	×	×			
热能			×	×	×

续 表

核心概念	故事				
	月亮的把戏	橡子去了哪里?	园艺大师	结霜的早晨	小帐篷哭了
温度				×	×
能量			×	×	×
水循环				×	×
岩石循环			×		
蒸发				×	×
冷凝				×	×
风化			×		
侵蚀			×		
沉积			×		
自转/公转	×	×			
月相	×				
时间	×	×			

物理学

核心概念	故事				
	神奇的气球	有人玩地掷球吗?	爷爷的大钟	邻里电话系统	多冷才算冷?
能量	×	×	×	×	×
能量转移	×	×	×	×	×
能量守恒		×			×
力	×	×	×		
重力	×	×	×		
热	×				×
动能		×	×		
势能		×	×		
位置和运动		×	×		
声音				×	
周期运动			×	×	

续 表

核心概念	故事				
	神奇的气球	有人玩地掷球吗?	爷爷的大钟	邻里电话系统	多冷才算冷?
波				×	
温度	×				×
气体定律	×				
浮力	×				
摩擦力		×	×		
实验设计	×	×	×	×	×
功		×	×		
状态变化					×
时间		×	×		

生物学

核心概念	故事				
	自我介绍	燕麦片生虫了	干枯的苹果	讨价还价的种子	直升机长成大树
动物	×	×			
分类		×	×	×	×
生命的过程	×	×	×	×	×
生物	×	×	×	×	×
结构和功能		×	×		×
植物			×	×	×
适应		×			×
基因/遗传	×		×	×	×
变异	×		×	×	×
蒸发			×		
能量		×	×	×	×
系统	×	×	×		×
循环	×	×	×	×	×
繁殖	×	×	×	×	×

续表

核心概念	故事				
	自我介绍	燕麦片生虫了	干枯的苹果	讨价还价的种子	直升机长成大树
遗传	×	×	×		×
变化		×	×		
基因	×		×		×
变态		×			
生命的循环		×	×		×
生命的延续	×	×	×	×	×

作业

天文学(25%):每个学生都需要观察白天的天文变化,据此开发地球、月亮和太阳关系的模型。学生需要在学期期间撰写月亮变化日志以及太阳影子变化日志,并定期上交。

主题(50%):另外,在学习期间,学生需要从地球、物理和生物三个领域分别挑选至少两个主题进行研究。学生需要围绕该主题找出问题,并就问题进行调查或实验。(例如:有没有不需要经过休眠期就能够发芽的橡子?)你应当把问题和试验拿出来跟同学一起分享,这样,所有学生都能直接参与相关内容的学习,或者通过听取报告与发表评论来间接参与。除了实验以外,学生还需要(1) 让他们自己的(中小)学生参与到实验或调查中来,(2) 制定形成性评价标准并对自己的学生进行评价,以此找出他们对所学知识的掌握程度。我将根据学生的实验设计、数据展示以及研究结果给他们打分。我将跟学生一起制定评分标准,按照标准对上述目标完成情况进行打分,然后把各项分值相加得出总分。

出勤/参与(25%):每一节课都需要学生全员参加。

延伸阅读书目(略)

本课程是为中小学教师或即将成为中小学教师的人开设的研究生课程。本课程可以被归类为教材/教学法课程,授课对象为那些对科学知识以及探究教学知之甚少的教师。我认为,如果教师自己在学习科学知识过程中利用探究方法能够取得实效,就会心悦诚服,从而很有可能把该方法应用于自己的课堂教学之中。不出所料，根据教师们的反馈意见，那些在岗教师在教学过程中采用探究方法，取得了令人满意的效果。因此，无论教师还是学生，都利用探究方法学到了实实在在的科学知识。由于研究生班的教师都是把这一方法当作作业来完成，所以他们在自己的学生面前愿意坦诚以待，告诉学生自己并不知道研究结果会怎样。教师通常遇到的一个问题是，他们不敢在学生面前承认自己无知，因此不肯跟学生一起共同进步。而在探究教学中，学生会因为能够与老师一起共同学习而感到兴奋，反之亦然。在岗教师还能够跟学生一道共同制定科学探索工作的评分标准，因此，对培养他们的元认知能力也有好处。

以这种方式使用本书初战告捷之后，我坚信，本书内容完全可以被用作教师参加本科和研究生培训的课程指南。正如前面课程大纲指出的那样，除本课程的教学内容和教学法之外，适当利用其他参考书目作为补充材料，既能够使教师增强运用探究方法的技巧，同时又能够丰富自身的科学知识。随着互联网逐渐普及，但凡能够操作电脑的人在网上几乎没有搜索不到的信息。有些教师对科学怀有畏惧心理，与他们选修的其他科学概论课程不同，本课程并不打算涵盖大量主题，而只是选取少数几个主题作为示范来帮助他们如何理解掌握。本书的基本理念是，在判断科学知识广度以及如何理解科学主题和概念之间哪个更重要时，当然是理解能力更重要。众所周知，目前美国科学课程设置饱受诟病的地方就在于重广度而不重深度。频繁的大规模考试更是火上浇油，过去几年里，我采访过的教师几乎都不愿意用探究方法来进行教学，因为“为了理解而教学”需要花费更多时间，却不能全面涵盖标准化考试中可能会出现的各种各样的知识要点。这样一来，即使学生能够在各种测验和评估中取得好成绩，他们的错误认识也几乎得不到纠正，依然坚持固有的错误观点。参见邦妮·夏皮罗所著的《孩子们如何发现光的秘密》(1994)一书。

在把本书用作教师培训项目中科学方法课程的参考书

传统意义上，参加科学方法培训课程的学生大都对科学充满恐惧心理。科学方法课程的主要目标之一就是要帮助学生消除这种恐惧心理，帮助他们将来在中小学教学中采用既动手又动脑的方法培养学生的科学技能。遗憾的是，很多学生在参加培训班之前对科学知识了解甚少，而且，他们需要选修的大多是概论(非实验)课程,或者是在大教室上的讲座。在短短12—13周内,教授教学法的老师需要把这些学生变成信心十足、热情洋溢的人,以便他们将来在自己的学生中践行探究式教学法。经过给本科生和参加培训的研究生教授这类课程30余年,我发现,首要目标是消除他们对科学的恐惧心理,通常的做法是,给他们布置一些压力小但成功率高的学习任务。其次,我尽力让他们明白,科学作为一门学科具有什么特点。再次,我发现,一些学生对科学感到非常生疏,有必要向他们传授适量的科学知识并纠正他们的错误认识。最后,同样重要的是,我尽力让学生熟悉科学领域的各种资源,这样,他们将来从事教学工作时知道如何查阅资料。显然,我们可以利用这一机会让学生了解他们自身的现状,了解自己如何学习,了解自己将来如何开展探究教学。

作为教学法课程最后一项作业,我布置学生编写一个日常科学之谜故事,并撰文说明如何利用探究法教授故事以及故事涉及的科学概念,结果远远超过这些年我和其他人使用传统教案取得的教学效果。这本书不仅可以作为研究生学习科学知识的教材(如前所述),也可以作为他们编写"日常科学之谜"教学案例时的范本。

把这些故事改编成探究式的互动游戏

在教研员安德烈亚·艾伦和特雷莎·尼克松(Andrea Allen and Theresa Nixon)的指导下,田纳西州诺克斯县的教师们大胆创新,找到了一种激动人心的方法在教学中使用这些故事。教师们把这些神秘的科学故事改编成戏剧的形式,称之为"日常科学之谜读者剧场"。他们邀请一些教师把这些科学故事以师生互动形式表演出来,而不是简单地读给学生们听。这就促使学生参与到这些故事的表演当中,而他们在表演过程中对科学谜团愈加感到着迷。我们非常感谢他们的创新之举,并诚恳邀请你们在自己的学生中加以尝试。若要了解学生在学习科学过程中阅读与写作的更多信息,请参阅第四章"科学和素养"。经诺克斯县教师们许可,下面刊出他们改编的一个故事"腐烂的苹果"(故事原文和讨论参见第二十二章)。

科学之谜剧场出品：腐烂的苹果

人物：

泰德

史蒂夫

解说员

地点：苹果园

解说员：10月的一天，泰德和史蒂夫走在从学校回家的路上，他们准备像往常一样抄近道，从他们家附近的一个老苹果园穿过。

泰德：史蒂夫，你知道，咱们两家住宅所占用的土地原先都是大苹果园的一部分。苹果园主人把大片土地卖给开发商，开发商建造了这些房屋。我妈妈还记得，当时这一片地方原先都是苹果园，我们的学校也是。

史蒂夫：对，我记得我也听说过。

泰德：我想知道，自从那些苹果树被砍掉之后，这片土地和咱们家周围原有的苹果都去了哪里？

史蒂夫：现在，你看这个苹果园。地面上有各种各样的苹果，有些是人们忘了采摘，有些是成熟后自己掉落的。

泰德：试想一下，假如这么多年来苹果从树上掉落下来之后一直堆积在地上，它们的高度足以淹没我们的膝盖。但实际上并非如此，我很好奇它们都去了哪里？是不是有人来过这里，把它们清理干净了？

史蒂夫：我不那样认为，除非他们为了酿造苹果酒才会那样做。也许它们真被拿去酿酒了，不然，到了春天肯定会苹果满地。

解说员：在这个阳光明媚、秋高气爽的日子，两个男孩优哉游哉地走在回家的路上，不时驻足查看地上掉落的苹果。

泰德：伙计，你看这些苹果。它们看来已经开始腐烂变质，难道还能用来酿酒吗？这些苹果已经变软发蔫，里面好像生了虫子或别的东西。它们已经没什么用了。

史蒂夫：我敢打赌，动物们吃掉了一些苹果，但是肯定吃不完这么多，所以地上还剩下很多。然而，为什么一到春天苹果就不见了呢？还有，咱们家和学校附近的苹果都去了哪里？

泰德：据说，它们变成了土壤。

史蒂夫：真是那样？像变戏法？怎么可能？土壤就是土壤，不管有没有苹果，土壤始终都在那里。土壤就是土壤，嗯，苹果不可以变成土壤！这里面肯定还有更复杂的原因。

泰德：我知道！让我们把一些苹果拿回家放在我家院子里，看看会发生什么变化。我们需要露天堆放但是不要让狗找到，然后留心观察它们的变化。就像格林老师一直强调的那样，想要学习科学，没有什么比认真观察更好的方法。

史蒂夫：只要放在你家院子就行。我认为，我家人肯定不允许把烂苹果放在我家院子。我家的狗肯定会把苹果吃掉的，它见什么吃什么，*什么都吃*！

解说员：就这样，两个孩子从地上捡了一些苹果带回家，正如格林老师所说的那样，准备认真观察。来年春天……？

把本书用作在家上学的参考书

有些孩子在家里接受父母的教育，他们只要上网搜索就能找到大量可以利用的资源，网上有现成的教学大纲和学科教材等。对那些自身科学知识欠缺或过时的父母而言，科学是一门令他们头疼的课程。父母如果能够跟孩子一起共同探索解开故事引发的谜题，就会发现本书使用起来特别容易。本书与《国家科学教育标准》和《科学素养基准》的教学大纲要求相吻合，涵盖了国家规定的必学科学概念，家长可以完全放心。他们可以跟学校教师一样使用本书，只不过缺乏课堂讨论的机会，父母应当多与孩子进行沟通、讨论，巩固孩子对科学调查研究的理解。

参考文献

Shapiro, B. 1994. *What children bring to light*. New York: Teachers College Press.

第四章
科学和素养

本章是进入科学故事之前的最后一章，我忍不住要向读者介绍一部除了英语专业学生以外很少有人读过的文学作品。下面一段文字摘自爱尔兰小说家詹姆斯·乔伊斯 1922 年撰写的经典作品《尤利西斯》：

> 照片上这个人所在的地方好像在哪里见过？想起来啦，是死海，他仰卧在海面上，在阳伞下读着书。你就是想沉也沉不下去：盐度太高。因为水的重量？不对，因为浮在水面上的身体重量等于什么东西的重量来着？要么是体积跟重量相等？反正就是这类定律。万斯在高中一边上课一边打着响指。大学课程，想想都让人头疼。提起重量，重量究竟是什么？每秒 32 英尺，是每秒。自由落体的定律：每秒，每秒。它们统统都落到地面上。地球。重量就是地球的引力。(p. 73)

在乔伊斯的这部小说中，主人公布鲁姆回忆起自己曾经看到一个人在死海上漂浮的照片，于是想要弄明白这一现象背后的科学原理。你是否注意到，有些人试图解释某个科学现象时，脑海里会涌现一大堆科学知识，却往往模糊不清、杂乱无章？或者你自己是否也有过类似经历？[此番借用乔伊斯的文学作品，是受到了《学校科学评论》(*School Science Review*)杂志一篇文章启发，该文作者为迈克尔·赖斯(Michael J. Reiss)。]

上学期间，布鲁姆似乎对学校课程和物理老师都很着迷。然而，当布鲁姆试图回忆关于浮力的科学原理时，他脑海里一片混乱，杂乱无章的科学语言与老师上课打响指的情景交织在一起。遗憾的是，即使在今天，这也不是什么例外，而是一种普遍现象。这种现象恰恰是我们在教学中应当极力避免的，也正是本章要探讨的主要内容。

把素养与科学联系起来有很多方法。下面我们将简要梳理相关研究文献，从其中一些教学理念我们不难发现，把素养与科学相结合不仅很有价值，而且至关重要。

素养和科学

在教学法术语中，“科学素养”与“科学与语言素养相结合”两者之间存在差异，但是，它们之间的共同之处或许比我们预想的要多。*科学素养*是指，一个人有能力理解科学概念，能够把所学的科学知识在日常生活中加以运用。换句话说，具有科学素养的人能够把学到的科学知识应用于学习情境之外的陌生情境中。例如，如果一个人能够依据自己学到的生态系统和生态学知识做出保护当地社区湿地的明智决定，那么我认为这个人具有科学素养。当然，我们希望在教育的各个领域都能实现这样的目标。语言素养是指阅读、写作、说话和理解能力。由于大多数学校重视阅读、写作和数学，它们在课程设置中往往被放在优先地位。我无数次听到老师们说他们的主要责任是教学生阅读和数学，而没有时间顾及科学。其实，各门课程并没有高低贵贱之分。我认为，出现这种误解，是因为校方不了解各门课程合起来能够产生协同效应。就教学而言，协同效应是指你从各门课程学到的整体技能大于各门课程简单相加的总和。

那么，这一切与探究式科学教学有什么关系？目前的流行趋势是注重科学与语言素养相结合。原因之一在于，越来越多的研究都在强调语言在科学学习中发挥重要作用。如果不能“自己动脑”的话，“自己动手”的科学就没什么意义。我喜欢举的一个例子是，“食物大战”是一项需要亲自动手的游戏，一个人只是参加游戏的话学不到什么东西，但是如果明白扔果冻的空气动力学知识就完全两样。对科学知识的理解不是来自于物质本身，也不是来自于对这些物质的操控。学生们为了弄明白自己参与的活动具有什么意义，就有必要采取各种沟通方式，例如讨论、争辩、述评、小组协商以及社会交往等。这一切都需要使用*语言*，其表现形式为写作、阅读，尤其还有说话。而这又需要学生具有思维判断能力：倾听自己和他人用话语表达的观点或想法，或许还要看到这些观点或想法化成文字，他们才会明白自己在做什么以及从这些活动得出的结果是什么。这就是“自己动手，自己动脑”一对词语中往往被忽略的“自己动脑”部分。请看下面这段话：

> 在学校里，“说话”有时受到重视，有时被刻意避免，但是很少有老师教学生如何说话，这一点真令人吃惊。我几乎没有听到哪个老师跟我说，他是如何教学生说话的。几乎没听到过哪个老师讨论如何教会学生讨论。然而，说话跟阅读和写作一样，是智力发展的一个主要动力，甚至可以说是最重要的动力。(Calkins，2000，p. 226)

关于科学课堂上如何说话详尽、进行有益的探讨，我向你推荐《幼儿园—8年级课堂上科学与素养的联系》(*Linking Science and Literacy in the K－8 Classroom*，2006)一书中杰弗里·威诺克(Jeffrey Winokur)和凯伦·沃斯(Karen Worth)合作撰写的一章“科学课堂上的说话：看一看学生和老师需要知道什么以及能做到什么”。你也可以参考该书的第八章。最近还有证据表明，英语语言学习者(ELL，English Language Learner)在学习新的科学知识以及语言知识时，能够从说话当中受益匪浅(Rosebery and Warren，2008)。

把科学探究和语言素养相结合，我们拥有大量研究文献作为依据。首先，帕迪拉及其同事的相关概念和理论著作表明，科学探究和阅读的思维过程(即观察、分类、推断、预测和沟通等)基本相同，而且，无论学生在做科学实验还是在阅读文章时，都要经历这些过程(Muth and Padilla，1991)。帮助孩子在阅读或进行科学研究时熟悉自己的思维过程，将会促进他们对元认知的了解并付诸实践。

作为老师，你也许需要为学生做个示范，比如看到某种现象后大声说出自己的想法。你应当帮助他们理解，为什么在做事的过程中一定要说出来，为什么了解自己的思维过程很重要。你可以这样说：“我认为温暖的天气会影响种子的发芽速度。我想我应该设计一个实验证明一下自己的假设是否正确。”然后，你可以说：“你们有没有注意到，我是如何提出假设，如何用实验对假设进行验证的？”让学生模仿你的思维过程，能够帮助他们明白在某些情况下为什么需要使用以及如何使用科学话语。

科学就是关于词汇及其含义的学问。博斯特曼(Postman)就词汇和科学关系的说法很有趣。他说:“生物学不是关于动物和植物本身,而是用语言对动物和植物进行描述……天文学不是关于行星和恒星本身,而是我们用话语把它们表达出来。”(1979,p. 165)更进一步说,科学也是一门语言,一门专门谈论这个世界以及我们生活其间、被称为科学的世界的语言。科学拥有独特的词汇表和语言结构,科学家利用这些词汇和结构来谈论他们的工作,这些东西通常被称为“话语”(discourse)(Gee,2004)。孩子们需要学习这些话语,用来呈现证据,用来论证研究的要点、评价自己以及他人的研究工作,完善自己的观点,以便将来进行更深入的研究。

走进你课堂的学生并不擅长这门语言,实际上,他们甚至可能还没有入门。他们需要做科学研究,需要在知识渊博的成人帮助下,学习如何控制变量、如何做公平实验、如何搜集证据支撑自己的观点以及如何在所谓的“第一手调查”(Palincsar Magnusson,2001)中运用科学方法,才能逐渐掌握这门语言。这就是直接与科学材料打交道的研究,或者用大家比较熟悉的话语来说,是科学调查中自己动手的部分。“第二手调查”这个术语是指运用文本、报告、数据、图表或其他间接资料,研究者不直接与科学材料打交道。瑟维蒂等人(Cervetti et al., 2006)对此作了精彩的描述:

> 我[们]认为第一手调查就像胶水,它能够把一切与探究有关的语言活动粘合起来。在帮助学生学习概念知识以及传达这些知识的语境(包括专门术语)时,我们奉行的原则是:“读出来,写出来,说出来,做出来!”——你无须按照特定的顺序,或许,按照各种顺序都尝试一番效果反而更好。(2006,p. 238)

因此,你会发现同样重要的是:学生应当把自己的研究工作说出来并写出来;应当借助书本或者音像资料了解其他人在相关领域做出了哪些贡献;应当抓住一切机会详细记录自己的研究过程,以便将来能够回过头来审视自己在研究中有哪些发现。

科学语言

当然，科学这门学科中的写作、讨论和阅读与其他学科不同，例如，科学写作很简单，重点是根据获得的证据得出适当的结论。但是，科学包含的内容不仅仅是文字，它还包括触觉、图形以及视觉等手段，用来设计研究方案、把方案付诸实施以及把研究结果拿出来与他人分享。另外还有一点也非常重要，科学著作中有许多普通人不熟悉的词汇，在科学中的含义以及在现实生活中的含义并不相同，它们作为科学术语的意义非常明确，而且往往有违人们的直觉，例如：做功（工作）、力（力量）、肥料（植物的食物）、化合物（混合）以及密度（浓密）等。举例而言，如果你花了30分钟用力推一辆汽车，直到累得满头大汗，尽管汽车连1厘米也没有移动，你却觉得自己“工作”非常卖力。然而，在物理学中，除非汽车发生移动，否则你就根本没有“做功”。我们对学生说植物可以为自己制造食物，然后给他们展示一袋“肥料”(plant food)①。我们对学生说“穿上暖和的衣服”，然而衣服本身并不能制造“温暖”。

学生学习科学的时候需要改变理解方式。他们必须学习新的术语，并且给旧术语赋予新的含义。我们作为教师应当认识到自己不仅是科学教师，而且还是语言教师，在学生学习过程中予以帮助。我们谈论科学的时候就应当使用科学这门课程特有的语言。我们不应当回避科学术语，而应当尽量以通俗易懂的形式向学生解释清楚，在这个过程中应当充分利用图片和故事。

我们还应当懂得，科学包含的很多词汇要求学生既动手又动脑。含有比较、评估、推断、观察、修改或假定等词汇的句子往往意味着学生需要手脑并用去解决问题。我们只有认识到语言和智力发展密切相关、两者缺一不可，才能够把科学这门学科教好。

科学笔记本

近来，很多科学教育工作者大力提倡使用科学笔记本，认为它有助于激发学生

① plant food：可以理解为植物需要的“肥料”，也可以理解为“植物吃的食物”，还可以理解为供人食用的“植物性食物”。——译者注

学习科学的热情(Campbell and Fulton,2003)。使用科学笔记本不仅能够提高英语语言学习者的语言技能,而且有助于它们更好地理解科学概念和科学本质。

科学笔记本不同于科学日志或科学札记,因为它不仅仅是记录数据(日志)或记录学习中的反思(札记),而是用于持续记录实验、设计、计划、词汇、思路、关切或困惑等。科学笔记本是对过去、现在以及未来所做的思考或预测进行记录,对每个学生而言都是独一无二的。老师应当确保每个学生有充裕的时间来做记录,并且要求他们对诸如“这个实验活动还有什么让你感到困惑的地方?”之类的问题做出具体回答。

关于科学笔记本的具体使用方法及其价值,参见布赖恩·坎贝尔和洛丽·富尔顿(Brian Campbell and Lori Fulton, 2003)合著的《科学笔记本:关于探究的论述》(*Science Notebook*: *Writing About Inquiry*, 2003)。

在我所构想的探究式课堂上,你可以想见科学笔记本是学生的必备之物。数年前我在一所小学工作的时候,见证了学生通过写作方式学习而创造了一个又一个小小的奇迹。对我们老师而言极为重要的一点是,应当要求学生每天把他们感到困惑的东西写下来,其效果非常显著。阅读学生的科学笔记本,可以让我们清楚了解他们的元认知如何形成,了解他们如何通过“大声”思考找到解决问题的方法。

使用科学笔记本给学生提供了难得的机会,可以帮助他们在活动中记录自己的心路历程。使用本书的故事时,科学笔记本上应当记录学生关心的具体问题、听完故事以后全班同学发表的各种想法和见解列表、学生自己以及全班一起收集的数据图或表格,或许还应当有学生自己或全班为解决故事中科学谜题而得出的最终结论。

试想一下,你班上的学生已经就某个故事得出了结论并取得了共识,作为教师的你可以让学生做些什么来完成收尾工作?可行的方法是,你可以让学生为这个故事续写“结局”,或者用标准的实验报告形式撰写一篇报告。当然,前一种方法也是把科学与语言素养相结合的一种方式。很多教师喜欢让学生学会撰写“公式化”的实验报告,只是为了让他们熟悉那种形式,而有些教师则喜欢让学生以趣闻方式撰写报告。根据我的经验,当学生不是机械地填写实验表格,而是把实验报告以趣闻方式呈现出来,则更能说明他们对相关概念有了深入了解。不过,这还是需要作为任课教师的你来做决定。当然,你也可以让学生把两种方式都尝试一下。

如前所述,设计这些故事以及后续活动的主要依据之一是建构主义理论。建构主义认为，知识是人们为了理解自己所生活的世界而建构出来的。果真如此的话，那么每个人应对某一情境或解决某个问题的方式一定与他所运用的知识有关。同理，对问题做出的*判断*以及对问题持有的*看法*也都因人而异，意识到这一点也非常重要。因此，关键在于，教师应当鼓励学生把自己对问题的看法以口头或书面形式表达出来。也就是说，所有学生和教师都能够就该话题各抒己见并对不同观点进行探讨。这样，大家可以开诚布公地对各种数据进行分析，消除他们脑海里可能潜藏的任何疑问。在《了解学生的科学想法：25 条形成性评价探讨》（1—4 册）（2005，2007，2008，2009）丛书中，你可以找到关于这一过程的更多论述。

这些故事还指出，科学是一种社会、文化的活动，因此也是人类的活动。故事里的人物在实验调查、讨论和提问过程中经常需要得到他人的启发或帮助。那些人有自己的想法，提出自己的假设，故事里的主人公向他们讨教、跟他们合作或者跟他们激烈争论。我们提倡开展小组合作，在课堂上，学生之间可以取长补短，在家里，兄弟姐妹或家长也可以参与，以家庭小组形式进行辩论。

本书故事也可以由你念给孩子们听。这样，孩子们获得的信息比他们自己阅读故事所得到的多，因为孩子们能听懂的词汇量往往大于他们的阅读词汇量。他们不熟悉的词汇可以从故事上下文推断出来。或者，你也可以在朗读过程中把新词解释给他们听。我们发现，孩子们在听的过程中就对讨论跃跃欲试，比自己阅读时积极性更高。这样反而更好，因为本书的宗旨就是调动学生的积极性：激励他们在日常生活中积极发现问题、解决问题以及建构科学理念。

在探究中帮助学生

学生钻研科学难题的过程中，你应该提供怎样的帮助？一条很好的经验法则是，只要学生面对的问题没有彻底解决，你就可以提供你认为必要的帮助。换句话说，解决问题应该由学生自己做主导，而不是由你做主导。有时候，即使他们在调查研究过程中按照自己的思路走入了死胡同，也不失为一种人生体验。科学研究总是充满了失败的体验。孩子们阅读流行的大多数科普读物时往往会产生这样的印象：科学家们早晨起床，自言自语"我今天要发现什么？"然后直奔主题，目标明确，思路清晰，在当天晚餐来临之前不费吹灰之力就得出了结论。事实远非如此！但是，我们也需要格外注意，挫折不断很可能会扼杀学生学习科学的热情。

碰壁意味着研究者需要重新设计方案，或者换一个角度提出问题。最重要的是，碰壁不应当被看成是失败，而更像是给你提供了换一种方式从头再来的机会。教师在这个过程中应当起到平衡作用，一方面安慰学生不要灰心丧气，另一方面鼓励他们继续保持研究兴趣。有时候，让孩子们组成团队进行实验研究，更容易实现目标。当今，科学家们也经常是团队合作，从而能够充分发挥彼此的专长。

科学探索过程除了所谓的*科学方法*之外，还包括运气、个人偏好和情感等因素，而很多人并不懂得这一点。*科学方法*这个术语本身听起来就像是能够确保你取得成功的秘诀。首先，你能给学生提供的最重要帮助是让他们始终保持坚定的信心，充分利用各种方法解决问题。他们可以运用比喻、想象、画图或其他任何得心应手的方法来解答问题。然后，他们可以采用科学的基本模式进行研究，包括简化问题、控制各种变量以及剥离需要求证的变量等。

其次，你还可以帮助学生把实验设计方案进行简化，使每一个步骤便于控制。第三，你可以帮助学生学会使用科学笔记本认真记录研究数据。大多数学生并没有意识到科学笔记本的重要性，哪怕老师再三强调这一点。很多学生认为没有必要收集有用数据，因为他们作为实验新手在这方面还缺乏经验。直到他们发现因数据无法读取或没有记录下来而遇到麻烦时，才会明白科学笔记本的作用。问题是他们并没有把这一点当回事。孩子们之所以觉得无须详细记录阴影的长度，是因为他们不知道从现在起一周或一个月内这样做有什么意义。如果你帮助他们认识到收集数据的原因，认识到这些数据将会成为阴影随时间变化而变化的证据，那么他们就会明白，其目的是让他们能够把现在的数据与过去进行比较。这样，他们也就会明白当初需要使用科学笔记本的原因了。

根据我们的教学经验，强迫孩子们使用规定的数据收集表格不仅不能帮助他们理解收集数据的原因，而且在某些情况下会适得其反。有一次，一位观察员看到教室里孩子们正忙着填写实验表格，便问一个女生在做什么，那位女生毫不犹豫地回答“第三步”。我们的目标是，动员学生积极参与探究活动当中，所有步骤（包括第三步）都应当由他们自己设计：以符合逻辑、循序渐进、有意义的方式回答自己提出的问题。我们相信，这一点孩子们完全可以做到，但是需要成人耐心指导，并相信他们具备在朋友和导师的帮助下独立从事脑力劳动的技能。

关于数据收集最后再说一句。我自己作为科学家以及与其他科学家共事多年，我留意到我们都有一个共同点，那就是人人都随身携带一个笔记本，每天无数次把自己感兴趣的东西记录下来。科学家可能会碰到一些有趣的数据，虽然当时看来这些数据与他们的研究似乎没有直接关系，但是他们还是记录下来，因为说不定将来哪一天就能用得上。人的记忆是短暂的，往往靠不住。科学家的笔记本都很珍贵，是科学事业不可或缺的组成部分，在某些情况下，它们甚至具有法律效力，被法庭采信，因为人们普遍对科学家寄予厚望，认为他们会恪守职业道德忠实记录各种研究数据。我曾多次与我的导师、生物学家斯基普·斯诺(Skip Snow)一同从事大沼泽地国家公园蟒蛇项目研究工作，经常看到他在遇到有可能给研究工作带来新线索的数据时参阅以前的笔记。研究人员不带笔记本是不会出门的。

帮助英语语言学习者

如果你班里的学生来自其他国家，英语语言知识有限，科学探究对这样的学生而言有什么作用？你如何利用科学课程既提高他们的语言水平，又拓展他们的科学技能和知识？

首先，让我们看一看学生在语言水平有限的情况下会面临哪些问题。李(Lee, 2005)在对英语语言学习者及其学习科学的研究中发现，那些不是来自于西方主流社会的学生往往对主流社会的原则与规范缺乏了解。他们原先所处的社会并不鼓励学生提出问题(尤其是向年长者提问)，也不支持他们进行探究性学习。显然，若要帮助这些孩子摆脱自身所受文化传统的束缚，融入学校的新文化氛围，教师就必须把新文化的原则与规范向他们仔仔细细、形象生动地解释清楚，必须帮助他们主动承担起自己的学习责任。你可以参考安·法斯曼和戴维·克劳瑟(Ann Fathman and David Crowther)编著、NSTA 出版的《英语语言学习者学科学：幼儿园—12 年级课堂教学策略》(*Science for English Language Learners*: *K - 12 Classroom Strategies*, 2006)，能够从中找到很多具体帮助。另外一本书《幼儿园—8 年级课堂上科学与素养的联系》也由 NSTA 出版，尤其是该书第十二章"英语语言发展与科学素养的联系"(Douglas and Worth, 2006)。此外，还有两本令人受益匪浅的图书，分别是《向英语语言学习者讲授科学：充分发挥学生的长处》(*Teaching Science to English Language Learners*: *Building on Students' Strengths*, Rosebery and Warren, 2008)以及《英语语言学习者学科学：幼儿园—12 年级课堂教学策略》(Fath man and David Crowther，2006)[①]。最后，还有《科学和儿童》(*Science and Children*)杂志刊发的一篇文章“向二语习得者讲授科学”，该文就如何向英语语言学习者讲授科学提出了很多有用的建议。

我将尽最大努力总结一些实用的方法，把它们放在供教师参考的背景材料这一部分当中。

专家们认为，扩大词汇量对英语语言学习者而言非常重要。你可以着重帮助这些学生分别用他们的母语以及英语来辨认课堂上将要用到物体的名称，可以让他们把这些词汇记在科学笔记本上。有些教师成功地使用了一种名叫“实用词汇墙”的教具，这是一个标有图表和词汇的墙贴，随着学习进展而不断补充新的内容。如果可能的话，也可以在墙贴上用胶带粘上一些实物或照片。由于它对所有学生(不仅仅是英语语言学习者)都有好处，因此应当放在非常显眼的位置，方便学生温故而知新。

很多教师认为，探究教学中的小组活动能帮助英语语言学习者理解探究的进程和内容。把英语语言学习者和以英语为母语的学生搭配在一起能够促进学习，因为他们往往更乐于接受同学而非老师的帮助。同学之间相互提问也更方便。同学做出的解释效果也更好，因为他们年龄和知识水平相仿，拥有共同语言。

多利用黑板或白板。把词汇与可视教具结合起来。记住，科学依靠一定的语言环境。你不妨把学生家长邀请到课堂上来，让他们亲眼看看你是如何帮助他们的孩子学习英语和科学的。在探究过程中多花一些时间，让英语语言学习者逐渐了解如何控制自己学习科学与解决问题的过程。

SIOP模式(Echevarria，Vogt and Short，2000)近来在教师中深受欢迎，他们利用这一模式在英语语言学习者中教授科学课程取得了很大成功。SIOP是庇护(Shelter)、指令(Instruction)、观察(Obeservation)以及协议(Protocol)四个英文单词的首字母缩略。该模式强调学生在科学活动中亲自动手、亲自动脑，而这就需要英语语言学习者使用学术英语与同学进行交流。你可以访问SIOP研究院的网站。虽然我们很难用一句话概括这一模式的精髓所在，但其重点应当是把学术英语与探究教学结合起来运用。我们应当抓住每一个机会把科研活动与探究教学结合起来，应当充分利用语言的各种形式，包括听、说、读、写等。该模型还强调，我们

① 此书与这一段上面的书名重复了。——译者注

应当鼓励英语语言学习者与以英语为母语的学生结对子，通过这种方式，前者可以从英语水平较高的后者那里学到更多词汇并练习使用。

简而言之，SIOP 模式与大多数其他二语习得(ESL，English as a Second Language)项目的区别在于，SIOP 强调科学学习和语言学习应当密切结合起来，两者相互促进，而不是把它们割裂开来。很多研究项目认为，英语语言学习者因为语言能力匮乏，无法掌握诸多学科的教学内容。而 SIOP 模式认为，只要英语语言学习者具有一定的语言基础，学习各门学科的同时在听、说、读、写等方面获得充分锻炼的机会，就能够把学科内容以及与之相关的学术语言都掌握好。

在课堂管理中，教师们也需要在语言方面多下功夫。教师需要跟学生多交谈，以确保他们能够充分明白教师布置的探究任务，确保他们能够把研究过程和结果用英语表达出来。教师的角色包括：提醒学生把科学研究记录下来，帮助他们用英语对研究发现进行讨论，以此确保他们在研究过程中专心致志。如前所述，不但英语语言学习者需要提高自己在某一学科的学术语言水平，所有学生都需要充分掌握该学科独有的词法或句法等语言内容。所有学生都应当像虚心的英语语言学习者一样，把自己当作是科学语言学习者(Science Language Learner)，只有这样才能更好地学习科学。

接下来我们要进入故事章节。我希望这些故事能够给你的学生以启发，激励他们变成积极的探究者，把科学研究当做日常生活的乐趣充分享受。

参考文献

Buck，G. A. 2000. Teaching science to English-as-second language learners. *Science and Children* 38 (3)：38 – 41.

Calkins，L. M. 2000. *The art of teching reading*. Boston：Allyn and Bacon.

Campbell，B.，and L. Fulton. 2003. *Science notebooks*：*Writing about inquiry*. Ports-mouth，NH：Heinemann.

Cervetti，G. N.，P. D. Pearson，M. Bravo，and J. Barber. 2006. Reading and writing in the service of inquiry-based science. In *Linking science and literacy in the K – 8 classroom*，ed. R. Douglas，and K. Worth，221 – 244. Arlington，VA：NSTA Press.

Douglas, R., and K. Worth, eds. 2006. *Linking science and literacy in the K-8 classroom*. Arlington, VA: NSTA Press.

Echevarria, J., M. E. Vogt, and D. Short. 2000. *Making content comprehensible for English language learners: The SIOP model*. Needham Heights. MA: Allyn and Bacon.

Fathman, A., and D. Crowther. 2006. *Science for English language learners: K-12 classroom strategies*. Arlington, VA: NSTA Press.

Gee, J. P. 2004. Language in the science classroom: Academic social languages as the heart of school-based literacy. In *Crossing borders in literacy and science instruction: Perspectives on theory and practice*, ed. E. W. Saul, 13-32. Newark, International Reading Association.

Joyce, J. 1922. *Ulysses*. Repr., New York: Vintage, 1990. Page reference is to the 1990 edition.

Keeley, P., F. Eberle, and C. Dorsey. 2008. *Uncovering student ideas in science, volume 3: Another 25 formative assessment probes*. Arlington, VA: NSTA Press.

Keeley, P., F. Eberle, and L. Farrin. 2005. *Uncovering student ideas in science, volume 1: 25 formative assessment probes*. Arlington, VA: NSTA Press.

Keeley, P., F. Eberle, and J. Tugel. 2007. *Uncovering student ideas in science, volume 2: 25 more formative assessment probes*. Arlington, VA: NSTA Press.

Keeley, P., and J. Tugel. 2009. *Uncovering student ideas in science, volume 4: 25 new formative assessment probes*. Arlington, VA: NSTA Press.

Lee, O. 2005. Science education and student diversity: Summary of synthesis and research agenda. *Journal of Education for Students Placed At Risk* 10 (4): 431-440.

Padilla M. J., K. D. Muth, and R. K. Padilla. 1991. Science and reading: Many process skills in common? In *Science learning: Processes and applications*, ed. C. M. Santa and D. E. Alvermann, 14-19. Newark, DE: International Reading Association.

Palincsar, A. S., and S. J. Magnusson. 2001. The interplay of firsthand and textbased investigations to model and support the development of scientific knowledge and reasoning. In *Cognition and instruction: Twenty-five years of progress*, ed. S. Carver and D. Klahr, 151 - 194. Mahwah, NJ: Lawrence Erlbaum.

Postman, N. 1979. *Teaching as a conserving activity*. New York: Delacorte.

Reiss, M. J. 2002. Reforming school science education in the light of pupil views and the boundaries of science. *School Science Review* 84 (307).

Rosebery, A. S., and B. Warren, Eds. 2008. *Teaching science to English language learners: Building on students' strengths*. Arlington, VA: NSTA Press.

Winokur, J., and K. Worth. 2006. Talk in the science classroom: Looking at what students and teachers need to know and be able to do. In *Linking science and literacy in the K - 8 classroom*, ed. R. Douglas and K. Worth, 43 - 58. Arlington, VA: NSTA Press.

供教师使用的故事和背景材料

日常地球与空间科学之谜的矩阵图

基本概念	故事				
	月亮的把戏	橡子去了哪里?	园艺大师	结霜的早晨	小帐篷哭了
物质的状态			×	×	×
状态变化			×	×	×
物理变化			×	×	×
融化			×	×	
系统	×	×	×	×	×
光	×	×			
反射	×	×			
热能			×	×	×
温度				×	×
能量			×	×	×
水循环				×	×
岩石循环			×		
蒸发				×	×
冷凝				×	×
风化			×		
侵蚀			×		
沉积			×		
自转/公转	×	×			
月相	×				
时间	×	×			

基本概念	柴堆里藏有什么?	新建的温室	腐烂的苹果	请稍等等一分钟!	冷静点,伙计!
物质的状态					×
月相变化					×
热能	×	×			×

续表

基本概念	柴堆里藏有什么?	新建的温室	腐烂的苹果	请稍等一分钟!	冷静点,伙计!
物理变化					×
能谱		×			
温度		×			×
质量守恒		×	×		×
生物			×		
技术的本质				×	
设计和系统				×	
重力				×	
时间				×	
技术设计				×	
能量流	×				×
物质循环			×		
天气和气候		×			
光		×			

基本概念	坑里的水去了哪里?	可能性有多大?	粉碎机在这里	夏令时	拜尔山一日游
物质的状态	×				×
月相变化	×		×		×
热能	×				×
物理变化			×	×	×
能谱			×	×	×
温度			×	×	×
质量守恒	×		×	×	×
生物	×	×		×	
技术的本质			×	×	
设计和系统		×			×
重力		×		×	

续 表

基本概念	坑里的水去了哪里?	可能性有多大?	粉碎机在这里	夏令时	拜尔山一日游
时间				×	
技术设计					×
能量流	×		×		
物质循环	×		×		
天气和气候	×	×			×
光	×			×	

基本概念	最冷的时候	地球变得越来越重?	月球在世界各地是什么样子?	日出,日落
太阳能	×			
温度	×			
热	×			
辐射冷却	×			
天气	×			
气候	×			
物质循环		×		
腐烂		×		
分解		×		
质量守恒		×		
封闭系统	×	×		
昼夜平分点				×
至日			×	×
纬度			×	×
地球的倾斜				×
反射			×	
公转			×	×
月相			×	
地球月球太阳系统			×	×

第五章
月亮的把戏

弗兰基 4 月 2 日就要八岁了。他收到的生日礼物是一辆崭新的 16 速山地自行车，这样，他就能跟爸爸、妈妈以及两个姐姐卡伦和玛莎一起到林间小道去玩了。不过，他收到的最好礼物是一个属于自己的房间。他的父母在原来所住的小区附近买了一栋新房子，新房比旧房的房间多。弗兰基的房间窗户正对着后院，妈妈对他说窗户朝向东方。

在新房度过的第一天很开心。从旧房搬出来的家具需要运到新房重新布置，就像玩智力拼图一样。他们叫来了外卖比萨，算是在新房吃的第一顿饭。大家都喜笑颜开、心情愉快。晚上，到了弗兰基该睡觉的时间。爸爸妈妈陪他一起上楼去他的房间，给他盖被子。弗兰基的床经过精心摆放，他躺在床上的时候，从天花板附近的窗户就能望到外面。他穿好睡衣，爬到床上，向大家道了晚安后，父母把灯熄灭。

"哇！看那儿！"弗兰基说。

"看什么？"妈妈站在漆黑的房间里问他。

"看月亮！它就在窗户的正中央，像一幅镶着边框的画。"

"还真像，"爸爸说，"你住这个房间真幸运，每天晚上睡觉的时候月亮就会望着你。"

这是个满月，宛如一个洁白无瑕、完美无缺的大圆盘，明亮的月光洒在弗兰基的房间里。弗兰基很快进入梦乡。有月亮作为弗兰基的明灯，即使在一栋陌生房子的陌生房间里他也不感觉害怕。

第二天晚上，弗兰基爬上床，期待他的新朋友月亮再次照亮房间。道过晚安、关了灯之后，弗兰基向窗外张望着。

"咦！"他叫道，"没有月亮！月亮呢？"

他跳下床，抬头仰望繁星点点的晴空，根本找不到月亮。他有一种被骗的感觉。第三天晚上，仍然没有月亮。

又过了两个晚上，弗兰基在睡觉前依然没有看到月亮。真扫兴！睡觉不再像第一天晚上那样令他兴奋。

几天以后，弗兰基在半夜中被惊醒。一辆警车鸣着警笛从房子旁边呼啸而过，弗兰基被惊醒后坐了起来。他抬起惺忪的睡眼，令他惊喜的是，他的老朋友月亮再次出现在窗户那里。月亮还是那个月亮，只是没有原来那么大，也没那么圆。看起来好像有人把圆盘的右半部分切掉了一样。

弗兰基感到很疑惑，但是因为太困了也就没想那么多。毕竟此时已经凌晨三点，他很快又进入了梦乡。

第二天早餐时间，他想起了昨天晚上发生的事情，把他看到的事情经过告诉正在吃饭的每一个人。大家似乎对此持有不同的看法。

卡伦认为是云遮住了月亮的一半。她不知道月亮为什么会在凌晨三点钟出现在弗兰基的窗外。她还说，弗兰基或许是在做梦。

玛莎认为月亮在夜里会改变形状。她说，月亮刚刚升起的时候是圆形，等到落下的时候就变成了一道银光。

妈妈十分肯定地说，有时候白天也能看到月亮，大家都笑了起来。但是爸爸同意妈妈的说法，他认为月亮有可能每天在不同的时刻升起。但是他没有解释月亮为什么会有不同的形状。

因为一家人众说纷纭，弗兰基的疑问依然难消。弗兰基想要能够预测，在某些时刻月亮究竟出现在哪里，形状是什么样子？为什么月亮在不同时刻出现在弗兰基的窗户上，而且形状也不相同？你能跟弗兰基一起找出原因吗？

目的

月球及其他天体每天在空中的视运动是一个重要科学概念。这则故事旨在唤醒学生留心观察月球的位置和形状在不同时间发生什么变化。它是一个更广的概念“周期运动”的组成部分。一切物体都处于运动之中，找出它们具有重复性的运动模式是科学任务之一。其他周期运动的例子包括钟摆、季节变化和声音频率等。

月亮是我们经常见到的天体，然而很多人对它的了解却少得可怜，真是令人匪夷所思。原因可能在于，由于我们对月亮太熟悉，反而熟视无睹，就像你不知道每天走过的家门口台阶数量有多少，也没留意好友的眼睛是什么颜色。因此，这则故事的目的是激励学生每天观察月亮，把观察结果记录下来，从中发现月亮的运动规律和形状变化。对高年级学生而言，月亮这些运动模式也是教学大纲规定的目标。

相关概念

- 周期运动
- 时间
- 反射
- 公转
- 天体运动
- 月相模式
- 光
- 自转

不要惊讶

你的学生可能会跟故事中几个人的看法相同。你应当把这些观点记录下来，成为课程大纲的组成部分。人们对月相最常见的误解是，认为它是由地球的阴影造成的，有些人认为是地球以外的其他行星把阴影投射到了月球上，而有人认为是云或其他行星遮挡了月球的一部分，甚至有人像弗兰基的姐姐一样认为月球在一晚上就经历了一个完整的月相变化周期。研究表明，这些观点在世界各地普遍存在，而且很多人在成年后依然没有改变。为了改变这些错误观点，我们就应当让学生拥有自主判断能力，让他们懂得上述观点既没有道理，也没有必要，更不可能在现实中观察得到。为了纠正“月相是地球阴影造成的”这一错误概念，我们有必要让学生拿模型亲自做一下实验，从中了解地球并不是造成月相的原因，而只是会产生月食现象。在故事里，我们借弗兰基家庭成员之口说出了这些错误看法，而爸爸和妈妈两人的话则是正确的。

内容背景

你要求学生在研究月球时应当坚持写观察日志，首先自己也应当做到这一点。在教授这一概念之前你的确应当亲力亲为，只有这样你才能对学生每天的观察活动做到心中有数。(在你开始实验之前，请参阅“在幼儿园—4 年级中使用这个故事”以及“在 5—8 年级中使用这个故事”两部分内容。)你会发现，月亮升起的时间每天都比前一天稍晚。由于每晚学生观察月亮变化的同时你也在观察，因此可以预先知道他们会把如下观察结果拿到课堂上来讨论，当然，你还要考虑到恶劣天气可能会给实验带来不利影响。

如果你按照本书建议的那样从新月之后的晚上开始观察就会发现，在日落之前，月球宛如明亮、细长的月牙出现在西方天际上。几天之后，你会发现，蛾眉月(盈月)每晚逐渐充盈起来，大约过了一周时间，月亮变成了半个球形，弧形一侧朝向落日方向。在“上弦月”之后的一周时间里，月亮发光部分的面积继续增加，直到新月(朔月)出现大约两周时间后，月亮像一个完整的球形出现在东方天际上。你会发现，此时“满月”升起与太阳落下恰好发生在同一时间。这一现象表明，月亮与太阳此刻正位于地球东西两侧。如果我们看到月亮和太阳升起或落下的原因是地球自转，那么月亮升起与太阳落下恰好发生在同一时间的原因则是地球运转到了月亮与太阳中间。由于地球自转轴与公转轨道存在倾角，因此太阳光直射到月球表面，把月球向阳的一面全部展示给地球上的观察者，一个满月就此诞生！(当然，月食情况除外。)这对你的观察实验而言是一个重要时刻，因为此后月亮每天升起时间越来越迟。你的主要观察结果将会是：在观察开始第一天，太阳刚刚落下的时候，新月在西方天际出现；过了大约 14 天左右，太阳刚刚落下的时候，满月从东方天际开始升起。

满月以后，每晚月亮升起的时候你和学生们可能都已经入睡。没有月亮？第二天白天，你会看见一个几乎呈圆形的月亮挂在空中！白天也能看到月亮，这对很多人而言是一个惊喜。到了第三周时间，白天或清晨你依然能够看到月亮，然而月亮的弧形一侧朝向日升方向。这就是弗兰基凌晨三点钟被窗外警笛惊醒时看到的月亮。到第四周结束时，你看见的月亮又变成了月牙，不过这时月牙的方向与你第一晚开始观察时看到的正好相反。又过了一天，无论白天还是夜晚你都看不见月亮，这就是“新月”(朔月)。整个月相周期就这样循环往复。你需要提醒学生注意的是，他们看到月亮发出来的光是反射太阳的光，月亮本身没有光源。

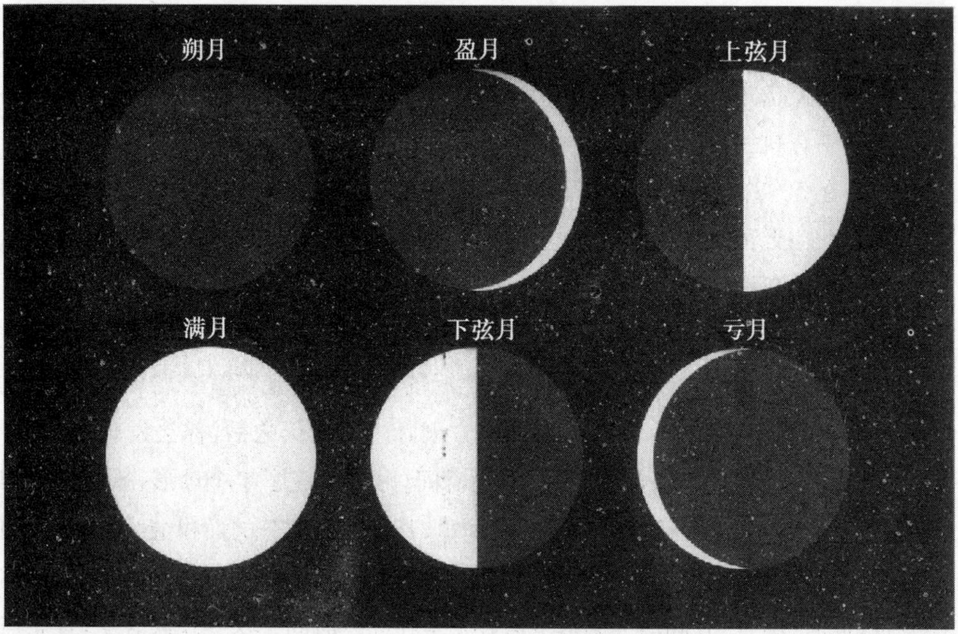

你和学生可能还会注意到，如果你们每晚都在某一个固定时间、固定地点观察月亮的话，就会发现月亮每天在天空升起的位置逐渐向东偏移，这种情形一直会持续到“满月”升起时为止。

你可以让低年级学生在观察月亮期间用画笔把月相变化画出来。他们将会清楚地看到月亮由新月、上弦月到满月，再由满月、下弦月到新月变化的全过程。这一做法也符合低年级教学大纲规定。

你可以遵循如何在高、低年级“使用这个故事”部分的建议，给学生布置一项探究任务，或者让他们用一大张纸制作“我们知道哪些事情——目前我们的最佳思维榜”，随着新证据不断涌现，他们可以把那些错误的观点或想法逐一划掉。

月亮围绕地球每隔大约 28 天转动一圈，似乎每天都从东方地平线升起，在空中向西运动后从西方地平线落下。地球上的观察者之所以会看到这种现象，是因为地球自西向东每 24 小时自转一周，当地球转到我们能够看见月亮位于东方的时候，便称月亮“升起”。随着地球继续自转，我们看到月亮似乎在天空中移动，直到它最终在西方地平线“落下”或消失。与此同时，月亮也在绕着地球转动（旋转方向与地球绕着地轴自转方向相同），相对于地球上的观察者而言，月亮一直在向前运动。换句话说，地球上的观察者在第一天看到月亮升起来，经过 24 小时（第二天）月亮再次升起的时候，已经围绕地球向前转动了二十八分之一的距离。因此，观察者需要等地球自转一圈（24 小时）稍多一些的距离才能再次看到月亮升起，结果，观察者看到月亮升起的时间每天都会稍晚一些。在一年里月亮升起的时间平均每天相差大约 50 分钟，但是，这一数字会因为每天昼夜长短不同以及季节更替而不同。

弗兰基在搬家当晚能够从窗户看见满月，纯粹靠运气。而他想每天晚上都能看到月亮，这是不可能的。首先，在第二天以及随后的晚上，月亮出现的时间会越来越晚，因此，他在就寝时间就看不见月亮。其次，由于月亮与太阳和地球三者所处的位置关系，地球上的观察者看到月亮发光的表面从圆形逐渐变成半圆形，而月亮右半侧处于黑暗之中。这就是下弦月。与很多人的错误观点相反，这一阶段的月亮出现在空中的时间一般为黎明前、白天直至日落前。接下来，我们会注意到在日落之前一个细长的月牙出现在西方天际上，整个月相周期重新开始。月亮每晚升起的时间都会比前一天迟一些，我们观察到的月亮发光面积逐渐增加，直到满月为止，也就是弗兰基透过窗户看见的月亮。然后，光亮的发光表面开始逐渐减少，直至新月为止，我们看不到新月，因为此时月亮的发光表面被遮住了。总而言之，在大约 28 天的周期里，月相变化经历新月、盈月（月牙）、上弦月、满月、下弦月、亏月（月牙），最后重新回到新月。（实际上，月球表面有一半始终被太阳光照亮，但是由于地球与月球所处的相对位置关系，我们只能看到月球发光表面的一部分。）你可以访问相关网站观看月相变化演示动画。

如果你在制定课程大纲时遵照《国家科学教育标准》和《科学素养基准》两份文件标准，应当考虑以下问题：

• (1) 幼儿园—4 年级学生的学习重点是观察月亮每天形状变化的**模式**。为解开月相变化之谜，你还可以适当增加一些内容，即让他们观察月亮升起和落下的时间。

• (2) 6—8 年级学生不仅应当观察月亮形状变化的模式以及月相变化的周期，而且应当探索月相的**成因**，因此，需要通过收集证据来解开月相之谜。

《国家科学教育标准》(国家研究委员会,1996)的相关内容

幼儿园—4 年级:地球和天空中的变化

• 天空中的物体具有自己的运动模式。我们可以观察到月亮形状一天天发生变化,整个变化周期持续时间大约为一个月。

5—8 年级:太阳系中的地球

• 太阳系中大多数天体的运动都有一定规律并且可以预测。它们的运动造成日、月、年、月相以及日食和月食等天文现象。

《科学素养基准》(美国科学发展协会,1993)的相关内容

幼儿园—2 年级:宇宙

• 月亮看上去每天都略有不同,但是每隔四个星期便恢复到原来的样子。

6—8 年级:地球

• 月亮围绕地球公转一圈大约需要 28 天,由此使月球表面被太阳照亮的部分以及能够被我们看到的部分每天都在发生变化,这就是月相。

在幼儿园—4 年级中使用这个故事

根据实际情况,你可以把这则故事朗读给学生听,也可以让他们自己阅读。孩子的听力词汇量往往要比阅读词汇量大。孩子喜欢听成人把故事读给他们听,而成人为了达到更好效果可以利用夸张或表演绘声绘色地讲述。因为这则故事没有结局,你可以让学生讨论故事中的未解之谜。"为了给这个故事续写结局,我们需要知道些什么?"学生肯定会提出很多不同看法,我们认为最好的办法是,你可以用一大张纸把学生的观点逐一记录下来,称之为"目前我们的最佳思维榜"。学生提出的任何观点都可以被接受,有些人可能认同或者反对故事里不同家庭成员的观点,而有些人可能会提出自己的看法。这些观点被记录在"最佳思维榜"上之后,你

可以把它们改变成问题。例如，学生可能会说“云遮住月亮，改变了它的形状。”你可以把它变成：“我们有没有证据表明，云遮住月亮，改变了它的形状？”

这一步完成后，你可以问学生如何就上述问题收集证据来支撑自己的观点。他们通常会说这需要“调查一下”，或者，你可以指导他们花一个月时间观察月亮变化，从中找到答案。这就需要学生找一个观测点，每天坚持写观测月亮的日志。接下来的问题就是：“我们应该记录什么？”此时，你可以帮他们回顾这则故事，指出他们应当观察哪些内容才能解决问题。在你的指导下，学生将会明白观察日志应当包括观察时间、月亮在空中的位置、高度以及形状等。学生应当认识到，既然大家观察的内容都相同，就应当商定在每晚统一时间（根据就寝时间商定）使用统一方法进行观察并记录，这样，他们才能把各自的观察日志拿到课堂上相互比较。

你最好给学生家长写一封信，阐明你和学生开展的实验项目内容，敦请家长帮助孩子们记住观察的时间并帮助他们记录所有必要的数据。学生和家长应当理解“地平线”这个术语的意思及其具体位置，即使地处山区也应如此。“地平线”是指一个人向水平前方望见天空与地面交界的线。在山区，你伸出一只手与水平地面平行，手掌一端即是地平线所处的位置。我们可以利用“拳头”法对月亮高度进行简单的测量。一只手握拳（手臂伸直与地面持平）放在地平线上，然后另一只手握成拳头放在第一只手上，第二只手保持不动，把握拳的第一只手移到第二只手上，以此类推，直到最后一个拳头遮住月亮为止。统计你使用拳头的总数，把它们作为数据记录下来。孩子们年龄虽然不同，但是拳头大小差异不大，因此使用拳头的总数也会大体相同。

在确定每晚观测时间后，学生观测到的月亮位置也非常重要，因为月亮每晚升起的位置会从西向东偏移。我们建议学生在观测数据表上画一个地标（可以选择自然物体作地标，也可以自己制作一个地标放在地平线位置），这样，他们就能根据这个地标标记月亮的位置。地标可以是一棵树、一栋房屋、一个土堆、一片灌木丛或一个油桶等，因为地标固定不动，能够被当作参照点。你可以问一下学生，他们每晚是否有必要在同一地点同一时间进行观察？跟他们一起讨论这个问题。

最后一点，开始收集数据的时机选择至关重要。

数据收集应该从“新月”之后第一天或第二天晚上开始。原因在于，学生在上床睡觉之前能够看到月亮。我们建议你最好把时间选在当地日落之后，这个时间在秋季大致应当是晚上 7 点左右。如果观察实验持续很长时间，你应当注意从夏令时转换为冬令时的时间变化。为了知道当地的日落以及月亮升起和落下的具体时间，你需要一本历书。《老农年鉴》(*The Old Farmer's Almanac*)在超市或书店通常都能买到。一本历书通常会把全国各地的情况都收录进去。很多报纸也刊登年鉴内容。你还可以通过网站找到相关的内容。这一点极为重要，因为如果你和学生从满月之日开始撰写日志以及收集数据，那么在接下来的日子里，月亮升起的时间一天比一天晚，等到那时候学生可能早已经入睡了。从新月开始直至满月为止，你们会有充足的机会去观察月亮。而从满月开始直到下一次新月为止，你们看到月亮的时间往往都是在白天。历书会在这方面给你很大帮助。

你们可以把每天观察的结果记录在一大张图纸上，这样就能看到一个完整的月相变化周期。恶劣天气可能会妨碍观察，例如乌云把月亮遮住。如果你们花两个月来进行观察，这样收集的数据足以展现一个完整的月相周期。显然，你们在撰写观察日志的同时，完全可以进行下一单元的教学，因为这项研究每天只需花很少时间。

孩子们收集了足够资料后就会意识到，由于月亮每晚升起时间越来越迟，所以弗兰基看不到他所谓的"明灯"，这样，如何给故事续写结局便水到渠成。如果弗兰基每晚上床睡觉时间迟一些，他就能感受到月光带来的快乐，但实际上他不大可能等到那么晚才上床。由于月亮升起时间推迟、形状变成下弦月，所以弗兰基在一星期后凌晨三点看到的情景正如故事中描述的那样。你可以鼓励孩子们为这个故事续写结局：弗兰基如何通过仔细观察证实了他向家人描述的情景，由此解开月相变化之谜。

在5—8年级中使用这个故事

上述"在幼儿园—4年级使用这个故事"的大部分教学建议同样适用于5—8年级。然而，高年级学生应当着重探索月相的成因，而不仅仅局限于了解月相变化的周期规律。请记住，很多学生(包括大学里的研究生)对月相周期变化可谓无知，或者至少应当反思一下自己在这方面的知识水平，最好途径是撰写月亮观察日志。高年级学生已经具备了足够的智力水平，完全有能力去探索月相变化背后的原因。重要的是，你应当组织学生把观察数据拿到班上讨论，让他们有机会把自己的前概念充分表达出来，然后用观察数据验证前概念对错，这样，他们才会对月相展示模型有更深刻的认识。请牢记达克沃思的忠告:"一个人必须在实验之前就完成研究工作的绝大部分。一个人必须首先形成一整套理念,然后才能利用实验加以验证。"(1986)经过一番讨论后,学生更容易接受关于月相的展示模型,他们甚至会尝试自己制作模型,这当然是最理想的结果。但是,如果学生不知道如何制作模型或者制作的模型不合要求,你应当为他们提供一个模型,供他们思考。

你应当让高年级学生解释月亮发光表面的变化模式。既然学生每天都会讨论他们的观察发现,你可以请他们拿三个分别代表太阳、月亮和地球的球体进行演示,要求能够复现月亮的形状(月球反射太阳光的形状)。学生可以把落地灯用作光源(太阳),也可以把黑暗房间中央的一盏明灯用作光源,然后尝试对太阳、月亮与地球进行不同排列组合。他们可能会注意到,不让地球的阴影落在月亮上,也能看到月相变化。他们或许已经注意到,云与每晚的月相变化没有任何关系,月亮也不是一夜之间经历一个完整的月相周期变化,由此消除了其他常见错误观点。

用以解释从地球上观察到月相变化的模型

探讨如何演示地球—太阳—月球之间关系的文章浩如烟海。让孩子自己充当实物模型,以便他们能够在天文实验中获得身临其境的感觉,这一点很重要。我最喜欢的做法是,让学生两人一组进行活动,一人扮演地球,另一人拿着月亮(把泡沫塑料做成球形,然后用钉子把塑料球钉在木棍一头)来回移动。在漆黑房间中央距离地面两米高的地方安装一个白炽灯泡,两名学生围绕灯泡活动。扮演地球的学生在从山峰("山鼻子")观察月亮的同时,把自己的身体缓慢转动一圈,在地球自转的同时,拿着月亮的学生围绕地球公转,公转方向跟地球自转方向相同。地球上的观测者就会注意到,她必须转动 180 度以上才能看见月亮,因为月球在围绕地球公转时已经向前运动了一段距离。这就是每晚月亮升起时间越来越迟的原因,而且,随着地球持续自转、月球围绕地球持续公转,月相也不断发生变化。然后,两人可以互换角色,重新表演一遍。

在向学生介绍上述模型以前,你最好让学生自己去观察月亮、自己去苦思冥想开发模型,哪怕遇到挫折也没关系,这样的锻炼机会对他们而言非常重要。他们应该能够看到,上述这个模型可以帮助他们证实自己观察到的现象,帮助他们解决自己先前在开发模型时遇到的悬而未决的问题。

此外，你可以阅读《科学和孩子》杂志 1999 年 9 月的文章"天空是你的极限"①、1996 年 11/12 月的文章"看月亮"或 2006 年 3 月的文章"月球计划"。美国国家航空航天局（NASA）有一篇文章描述了如何演示月相变化。有关地球和月亮的其他资源可以从相关网站获取。

参考文献

Driver, R., A. Squires, P. Rushworth, and V. Wood-Robinson. 1994. *Making sense of secondary science: Research into children's ideas*. New York: Routledge Falmer.

Duckworth, E. 1986. *Inventing density*. Grand Forks, ND: Center for Teaching and Learning, University of North Dakota.

Foster, G. 1996. Look to the moon. *Science and Children* 34 (3): 30 - 33.

Roberts, D. 1999. The sky's the limit. *Science and Children* 37 (1): 33 - 37.

Trundle, K. C., S. Willmore, and W. S. Smith. 2006. The moon project. *Science and Children* 43 (7): 52 - 55.

Yankee Publishing. *The old farmer's almanac*, published yearly since 1792. Dublin, NH: Yankee Publishing.

① The Sky's the Limit：此标题一语双关，本意为"天空是你的极限"，转义为"没有上限，一切皆有可能"。——译者注

第六章
月亮在世界各地是什么样子?

阿齐尔和杜拉不久前从中东来到美国“中西部”,非常喜欢新家的夜空。太阳光线消失了,月牙刚刚进入视线,低垂在西边的天际。

“杜拉,我觉得月亮真漂亮。它看起来就像一个弯钩,我喜欢这样的形状。我想知道今晚咱们祖国的月亮是什么样子的?”阿齐尔一脸惊讶地大声说。

“是啊,它看起来真漂亮,我也想知道在南方的澳大利亚月亮会是什么样子。他们说,在‘南下方’①什么东西都跟我们这里相反,前后颠倒、上下颠倒。”她回答说。

“我认为,”阿齐尔说,“他们之所以把那里称为‘南下方’,是因为那里位于赤道以南,老师说,与我们相比,那里的人都是倒立的。我猜他们看什么东西也都是颠倒的。”

“所以,如果我们这里是满月,那么他们那里就是新月,天空中看不到月亮,对吗?”

“那不一定,杜拉,”她哥哥说,“我认为,月亮在世界各地或许都是一样的,但是我真不知道。”

“嗯,虽然咱们的祖国与美国都位于北半球,但是祖国却在遥远的大洋彼岸。两地的月亮怎么可能是同样的形状?”

“世界就一个月亮,不是吗?”

“是的,但是祖国离我们这里太远了,月亮的形状不可能相同!”

“肯定有办法找出真相。”

“我知道!我们可以给祖国的朋友发电子邮件。他们可以回答月亮在东西半球是什么样子的问题,”杜拉说,“但是,月亮在南北半球又会是什么样子呢?”

“让我们找个生活在南半球的人问一问。”

---

① 南下方(Down Under):指澳大利亚、新西兰等南半球国家。——译者注

目的

很多人由于不了解月球围绕地球公转以及月相变化，对此感到迷惑不解。本故事旨在通过观察地月系统以及查找月球在地球各处表现出不同形状的原因，来直面这些困惑。既然地球包括南北两个半球，孩子们将会看到在南北两半球月相变化正好相反。

相关概念

- 反射
- 地月日关系
- 月相
- 轨道
- 系统

不要惊讶

很多孩子对月相的成因感到迷惑不解，甚至一些成人也是如此。你可以观看电影《私人宇宙》(Schneps，1987)中哈佛大学毕业生以及附近一所中学学生就这个问题给出的答复。根据我的个人经验，在过去 24 年里，这种状况一直没有发生多大改观，你的学生很可能也会就这则故事中的观点展开激烈又有趣的争论。很多学生和成人相信，月相形状的变化是因为地球把自身的阴影投射到了月球上。的确，这一错误观念在一些人头脑中根深蒂固。

内容背景

试想一下，如果月相在世界各地迥然相异，而你需要制作一本日历销往世界各地，日历要印上世界各地每个月的月相图片。那该乱成什么样子？还好，实际情况并非如此。*除非*你住在南半球，否则，无论你住在哪里，月亮看上去都是一样的。如果你住在遥远的“南下方”，相对于北半球的人而言你是“倒立”的，那么你看到月亮的形状肯定与北半球不同。然而，无论在地球哪个地方，我们只能看到月球被太阳照亮的那部分表面，根据地球与月球在太空的相对位置，我们看到的月球被太阳照亮部分每天都有所不同。这就意味着，如果地球上有些人看到满月，而另一些人看到朔月，这种情形是不可能的。

如果生活在美国的你看到满月，那么你认为生活在南美洲智利的朋友会看到什么？在基利的《了解学生的科学想法》(2005)第一册书中有一篇探究文章“凝望月亮”，该文恰恰提到了这个问题。很多人认为，因为南北半球方向相反，所以月相相反。这是对的，但并不意味着北半球是满月的时候南半球是朔月，而是意味着南北半球都是蛾眉月的时候月牙的方向相反。

考验你空间想象力水平的时刻到了。试想一下，你正在望着处于蛾眉月(月牙)阶段的月亮，现在，你“倒立”望着这时的月相。月牙的弯钩方向正好相反，对吧？你可以试着做做看。如果你不会倒立，那就尽量弯腰直至看到的东西都是上下颠倒为止。

地球自西向东自转，因此，无论你住在北半球哪里，都会看到月亮出现在南方的天空中，从东方升起、在西方落下。然而，如果你住在南半球，则会看到月亮在北方的天空从东向西运动。在一个完整的月相周期(29.5 天)期间，北半球人们望见的月亮发光部分面积从右向左逐渐增加，而南半球人们望见的月亮发光部分面积则是从左向右逐渐增加。

因此，关于峨眉月和残月(亏月)的规则在南北两半球正好相反。在北半球，如果月亮看起来像一个逐渐充盈的字母“C”(逐渐向满月过渡)，我们称之为上弦月，而如果月亮看起来像一个逐渐亏缺的字母“D”，我们称之为下弦月。南半球的情形刚好相反。为了更容易理解这方面的知识，我需要寻找一些生动形象的资料，有些网站做得非常好(Barrow，2008)。在赤道附近，月牙在落下的时候看起来像字母“U”或者像笑脸。这是因为月亮的轨道在这里距离地球的轨道很近，所以两者的交角比其在南半球南部或北半球北部的交角小很多。

有些读者读到这里可能变得心不在焉，觉得这些内容对自己的学生而言难度太大。我推荐你们读一读“从全球视角看月亮”(Smith，2003)。这篇文章记录了作者开展的一个项目，该项目把世界各地的学生联系起来，鼓励他们把看到的月相变化以及月相与他们各自在全球的位置和文化传统之间关系拿出来相互交流。我倒是希望我也能参与到这个项目之中，我在想，你完全可以根据文章里提出的意见和建议复制该项目的做法，让你和学生也能感受到该项目带来的乐趣。有人担心孩子相互通信可能会给个人隐私带来问题，不过，该文也谈到了这些问题。不同国家的孩子能够从项目中获得科学知识并增进文化交流，这些好处远远超过了项目可能造成的消极影响。事实上，如果你使用自己喜欢的搜索引擎搜索关键词“当前全球学校科学连接”，就有可能发现一些正在实施的项目会让你和你的学校都感兴趣。

《国家科学教育标准》(国家研究委员会，1996)的相关内容

幼儿园—4 年级：地球和天空中的变化

• 天空中的物体具有自己的运动模式。我们可以观察到月亮形状一天天发生变化，整个变化周期持续时间大约为一个月。

5—8 年级：太阳系中的地球

• 太阳系中大多数天体的运动都有一定规律并且可以预测。它们的运动造成日、月、年、月相以及日食和月食等天文现象。

《科学素养基准》(美国科学发展协会，1993)的相关内容

幼儿园—2 年级：宇宙

• 月亮看上去每天都略有不同，但是每隔四个星期便恢复到原来的样子。

3—5 年级：宇宙

• 地球是围绕太阳公转的几颗行星之一，而月球围绕太阳公转。

6—8 年级：地球

• 月亮围绕地球公转一圈大约需要 28 天，由此使月球表面被太阳照亮的部分以及能够被我们看到的部分每天都在发生变化，这就是月相。

在幼儿园—四年级中使用这些故事

在低年级学生中使用这个故事时,学生遇到问题最多的方面是关于月相变化。空间想象能力正处于发展期的孩子们很难想象南半球人们"倒立"会是什么样子。《日常科学之谜》(Konicek-Moran,2008)一书中有个故事"月亮的把戏",该故事讲述一个小男孩在搬到新家第一天晚上透过卧室窗户看到了满月,第二天晚上却失望地发现满月不见了,而在一周之后的凌晨又看见月亮出现在窗户那里,但是形状与满月不同。我们这则故事继续引导学生们在一段时期内观察月亮,让他们亲眼看看月相在天空中发生变化的模式。《日常科学之谜》一书提供了详细的指导建议,帮助学生坚持撰写观察日志以及利用这些资料建构地月系统模型。

即使你手头没有这本书,也可以跟学生家长共同协商,请他们帮助孩子每天在固定时间对月亮的方向、形状以及距离地平线的高度进行观察。这样,学生可以把撰写的观察日志作为第一手资料拿到课堂上分析与讨论。根据我们的经验,孩子们平时一般不会注意到月球的这些变化,但是通过定期观察并把观察结果记录下来,他们将会受益匪浅。

在5—8年级中使用这个故事

如果高年级学生不懂每个月月相发生周期变化的原因,我建议你可以参考上述关于如何在幼儿园—4年级使用故事和背景材料的建议。你的学生首先应当了解造成月相变化的天体运行机制,然后才能想象出来世界其他地方人们看到月相变化会是什么样子,这一点很重要。

你可以找一间暗室,距离地面两米高的地方安装一个白炽灯泡当作太阳,让学生两人一组进行表演。一名学生手拿棒棒糖一样的泡沫塑料球扮演月亮,围绕着另一名扮演地球的学生缓慢转动,扮演地球的学生注意观察月亮发生什么变化。地球自转一圈(扮演地球的学生把自己的身体缓慢转动一圈,回到原来的位置)的同时,月亮围绕地球沿着相同方向公转,这样,扮演地球的学生就能看到月亮在一个月(29天)经历的月相变化。两人可以互换角色,重新表演一遍。

一旦学生看明白月相的形成原因,他们就应该能够重复做这个实验,然后,他们通过弯腰(近似于倒立的动作)观察可以看到月亮的形状是颠倒的。有些学生可能需要尝试多次之后才能看到颠倒的月相。你可以让扮演地球的学生改变自身位置,他们由此将会发现,为了能够看到颠倒的月相,他们必须站在南半球比较靠南的地方。这时,你还可以问一问学生,如果两位观察者同处一个半球(北半球或南半球),那么他们看到的月相是否不同。

学生应该注意到,无论观察者站在地球什么位置,他们看到月亮的发光区域都是一样的,然而,观察者何时能够看到月亮取决于地球的自转情况。无论在法国、亚洲或者地球其他地方,只有地球自转到一定程度,观察者才能看到月亮,当然,由于地球自西向东自转,一个人的位置越是偏西方,他看见月亮的时间就会越迟。然而,无论在地球哪个半球,人们看到的月球发光表面形状都是一样的(即月牙、上弦月、满月、下弦月、残月和朔月)。因此,故事里的主人公阿齐尔和杜拉可以肯定,家乡朋友看到的月亮形状跟他们看到的完全相同,只是时间上比他们早一些。如果他们向家人、向朋友打电话询问,就会发现家乡的月亮升起时间比美国早 7 个小时左右。

因此,实质上,如果观察者身处同一半球,那么他们看到的月亮虽然在时间上有早有晚,但是形状基本上是一样的。如果观察者身处不同的半球,那么他们看到的月亮形状则不相同,南半球与北半球看到月亮的形状在方向上相差 180 度。

相关书籍和美国科学教师协会期刊文章

Gilbert, S. W., and S. W. Ireton. 2003. *Understanding models in earth and space science*. Arlington, VA: NSTA Press.

Keeley, P., and J. Tugel. 2009. *Uncovering student ideas in science, volume 4:25 new formative assessment probes*. Arlington, VA: NSTA Press.

Konicek-Moran, R. 2009. *More everyday science mysteries: Stories for inquiry-based science teaching*. Arlington, VA: NSTA Press.

Oates-Brockenstedt, C., and M. Oates. 2008. *Earth science success: 50 lesson plans for grades 6 -9*. Arlington, VA: NSTA Press.

参考文献

American Association for the Advancement of Science (AAAS). 1993. *Benchmarks for science literacy*. New York: Oxford University Press.

Barrow, M. 2008. The phases of the moon. Woodlands Junior School, Kent. UK. *www. woodlands-junior. kent. sch. uk/time/moon/phases. html*

Keeley, P., F. Eberle, and L. Farrin. 2005. Gazing at the moon. In *Uncovering student ideas in science, volume 1: 25 formative assessment probes*, 177-181. Arlington, VA: NSTA Press.

Konicek-Moran, R. 2008. *Everyday science mysteries: Stories for inquiry-based science teaching*. Arlington, VA: NSTA Press.

National Research Council (NRC). 1996. *National science education standards*. Washington, DC: National Academies Press.

Schneps, M. 1986. *A private universe project*. Harvard Smithsonian Center for Astrophysics.

Smith, W. 2003. Meeting the moon from a global perspective. *Science Scope* 36 (8): 24-28.

第七章
夏令时

“今晚，我们要把钟表拨快一个小时！因为明天是三月第一个星期日。”杰姬兴奋地说。

“那有什么大不了的?”从城里来的丹泽尔说，他是杰姬的堂兄。“因为把钟表拨快一个小时，我们的睡眠时间就少了一个小时，早上醒来还很困。”

“可是，我们的白天多了一个小时，而且还能节约能源，”杰姬说。

“你在胡说什么？调乱时钟并不能让白天时间更长！还有，我们怎么节约能源？你给我解释一下。”丹泽尔不耐烦地说。丹泽尔可能有点生气，不过，平时他对这个堂妹还是很和气的。

“可是，”杰姬接着说。“晚饭时天还很亮，日落时间往后推迟，所以白天时间肯定变长了。这意味着晚上我们不用那么早就打开房间里的电灯，当然会节约能源！”

“瞧瞧，”丹泽尔说，“你只是调整了钟表，又不是调整太阳。你应当核实一下我们获得的光照时间是不是比以前更长。再说电灯，我们在清晨打开电灯的时间比以前更早，怎么可能节约能源？我们只不过是把晚上的电改到早上用罢了。”

“不管怎样，我听爷爷说，他的一些朋友担心白天额外多出来的一小时会把庄稼烤焦，就是这么回事。”

“他在开玩笑。”丹泽尔笑了。

“不，他没开玩笑，”杰姬反驳道。“还有，11 月份夏时制[①]结束时大家都说我们又回到了原来的时间，你怎么解释？如果不是原来多出一小时，他们后来怎么把它去掉的？”

丹泽尔只是翻了个白眼。

“杰姬，我认为你最好在学校向人请教这个问题。白天额外多出来时间和节约能源的想法在我看来真是愚不可及。不过，你可以把这一想法拿到学校去讨论，让我看看会得出什么结果。”

① 夏时制：又称日光节约时制(Daylight Saving Time)，美国每年 3 月至 11 月实行夏时制。——译者注

目的

对很多人而言，时间是一个难以理解的概念。我们依靠钟、手表和日历等了解时间。但是钟表出现以前，古人通过查看物体的影子或太阳在空中的位置就能够判断时间。现今甚至很多成人都没有意识到，日、月、年等时间概念是一些古代文明为了农业生产而创造出来的。这则故事探讨的是杰姬对调整时钟时间存在错误认识，而丹泽尔试图让她明白，季节、昼夜以及其他对人类而言具有重要意义的自然现象的决定因素是地球与太阳的关系，而不是时钟和日历。毕竟，时间和日历都是人类在对天体运行规律观察之后创造出来的。

这则故事还为孩子们提供机会就下列问题展开讨论：通过调整钟表时间节约能源、帮助农民从事农业生产、预防交通事故以及预防犯罪等。上述内容都是美国实行夏时制的原因，但是围绕夏时制还存在很多争议。你可以让孩子们借此绝好机会来收集相关数据并对此作出评价。

相关概念

- 地日关系
- 地球的运动
- 时间
- 太阳的视运动

不要惊讶

实际上，我通过跟一些成人交谈发现，他们认为我们使用的钟表与太阳有直接关系，改变钟表时间就会改变地球与太阳的时间关系。如果你的学生存在同样的错误认识，也是在意料之中的事情。孩子们往往把时间与特定的事情联系起来，例如，是起床、睡觉、午休或者吃饭的时间了吗？当他们想要看自己喜欢的电视节目却被告知明天才能开始时，便会感到很沮丧。电视节目应该是他们想什么时候看就什么时候播！从这种错误意识出发，难怪他们不懂时间是人们根据天文现象创造出来的，他们通过操控钟表、日历和假日等满足各自的文化和信仰需求。从把时间看成是假日之间或一日三餐之间的间隔到把时间看成是一个天文概念，这个从具体到抽象的过程跨度巨大，可能令很多孩子无法理解。或许这就是为什么甚至连成人对“春天(把钟表)向前拨，秋天向后拨”这类事情也容易产生误解，他们没有意识到这句谚语只是便于我们记住每年春秋两季需要把钟表调整一下，而不是客观反映太阳时间的实际情况。“夏令时”这个概念对很多人而言始终是一个未解之谜。

内容背景

时间或许总是与太阳、月亮及其他几个天体的运动联系在一起。古希腊和罗马人就已经有了太阳钟，率先想到把每天分为24个片段(称之为小时)。但是，由于一年中不同季节的每一天长度参差不齐，所以每个小时的时间也长短不一。热带地区几乎没有季节差异，所以它们的小时时长比较整齐划一。从赤道向北或向南距离越远，每小时长短差异越来越大。不过，由于古人对时间的精确度几乎没有要求，所以他们对此也就听之任之。

考古学家和历史学家们目前仍在努力破解古人建造英国巨石阵和美国新墨西哥州查科峡谷等文化遗址的真正原因，解读波利尼西亚、亚洲以及中南美洲等地各种各样的历法。显然，古代文明对如何标记时间始终怀有极大的兴趣。例如，农业生产是古代文明关心的主要问题之一，因此，如何标记播种与收获的具体时间至关重要。早在公元前1500年，埃及和希腊等一些古代文明就在努力寻找各种办法测量更精确的时间间隔。当然，古人在这方面遇到了重重困难。

直到地理大发现时代到来，旅行者们需要测量自己在地球的确切位置，尤其是经度位置，人们对计时的精确性要求越来越迫切。接下来，由于商业和贸易依然依赖传统的运输方式，经济逐渐走向全球化，世界各国需要共同商定一套统一的计时系统，以便商品生产和交通运输等各项活动有一个公认的参照标准。试想一下，如果每个城市、州或国家都按照自己的时间标准行事，这个世界会变得多么混乱！

1675年，世界上大多数国家一致认为时区应当有一个起始点，同意把格林尼治时间设定为标准时间，把0度经线设定在英国格林尼治天文台(尽管法国反对)。1865年，英国绘制了时区界限，据此制定了火车出发与到达的准确时间。由于各地的太阳时是以太阳天空中的位置为基础设定的，因此不同地方的太阳时不尽相同。随着交通工具速度变得越来越快，火车可以在很短时间内穿越整个英国，人们注意到英国西部边缘的12点(太阳时)跟东部边缘的12点差别很大。但是，直到

1929年，世界各国才同意统一使用协调世界时，根据协调世界时，地球经度每隔15度为一个时区，最终消除了各国因坚持使用各自标准时间而造成的混乱局面。由于每天时间为24个小时，而一个完整的圆包含360度，因此每个时区被设定为15度，也就是相差1个小时。在这些参数基础上，一些国家或省份在境内按照时间每相差30分钟把时区细分为更小的单位(例如加拿大纽芬兰省、印度和阿富汗)，有些甚至使用相差15分钟的标准。而有些国家只使用一个时区，例如中国，尽管中国幅员辽阔，东、西边界距离远远超过15度。如果你想查看世界各地时间是如何分布的，可以查看世界时区图。

早在18世纪就有人提出了夏令时的想法，但是直到1918年才被一些国家接受，却没有被农民认可，尤其是在美国印第安纳州，有些人固执地认为夏令时给他们带来了额外的光照时间，对此深恶痛绝。然而，有些人看准了实行夏令时能给他们带来巨大商机便不遗余力地推广这种做法，例如体育用品制造商，因为它能给那些在下午5点下班的人提供更多休闲时间。这一做法受到推广当然还有其他原因，例如交通与行人安全问题、节约能源以及预防犯罪等。现在，夏威夷和亚利桑那两个州依然不同意使用夏令时，除此之外，世界上有40多个国家也表示反对，还有一些国家试用了几年后决定取消这种做法。主要原因在于，这些国家认为，如果大家都不使用夏令时，那么在进行国际贸易时可以避免计时系统出现混乱。

由于日出是每个工作日开始的主要标志之一，我们可以看到，随着地球自西向东旋转，阳光到达每个时区西部边缘的时间就会比到达东部边缘迟。如果你翻阅带有日出表的历书，就会注意到每个时区西部日出时间总比东部晚，而且时区越往西日出时间越晚。

假设你乘坐直达航班从波士顿飞往西雅图，上午8点出发，耗时5小时。当你抵达西雅图时会发现时钟上只过去了两个小时，这是因为，尽管你在旅途度过5个小时，却向西经过了三个时区，所以需要扣除3个小时。西雅图此时才上午10点钟。假设你返回波士顿，情况刚好反过来：飞机在空中航行5小时，而你抵达波士顿的时间比西雅图晚了8小时。你飞越了3个时区——这次是向东，因此要在时钟上增加3个小时。你的身体时间还停留在西雅图，但是波士顿时间已经过去了几个小时。这就是所谓的飞行时差反应——你的身体时间与所到时区的时间两者存在差异。当你长途旅行的时候时差反应更加明显。我们的身体有一个“内置的生物钟”，它是根据我们在某一个时区生活而逐渐形成的，左右着我们的作息时间。

当我们来到一个陌生国度,就必须对生物钟进行调整,而这可能需要好几天。下面是关于动物体内生物钟的典型例子,当夏时制开始实行时,狗和猫依然按照以往的时间向我们讨要食物,而不是按照调整过的时钟时间。你自己的胃也可能开始咕咕作响,哪怕时钟说你还要再等待一个小时才到开饭时间。

对儿童和成人而言,时间是一个饶有趣味却令人费解的抽象概念。你可以把自己的有关经验都告诉学生,帮助他们了解这个话题多么令人入迷。我喜欢有关时空穿梭的电影和书籍,例如 H. G·威尔斯(H. G. Wells)的经典著作《时间机器》(*The Time Machine*)。"时光倒流或前进"对我而言都无所谓,我只是想知道自己穿越到另一个年纪会是什么样子。

《国家科学教育标准》(国家研究委员会,1996)的相关内容

幼儿园—4 年级:天空中的物体

• 太阳、月亮、星星、云、鸟和飞机都有自己的特性、位置和运动,这些现象都可以被我们观测到。

幼儿园—4 年级:地球和天空中的变化

• 天空中的物体具有自己的运动模式。例如,太阳似乎每天沿着同一路径从天空经过,实际上它的路径会随着季节变化而发生缓慢变化。

5—8 年级:太阳系中的地球

• 太阳系中大多数天体的运动都有一定规律并且可以预测。它们的运动造成日、月、年、月相以及日食和月食等天文现象。

《科学素养基准》(美国科学发展协会,1993)的相关内容

幼儿园—2 年级:宇宙

• 我们只能在白天看到太阳,在夜晚看到月亮,不过,有时在白天也能看到月亮。太阳、月亮以及星星看上去都在天空中缓慢移动。

3—5 年级：地球

• 地球跟所有行星和恒星一样，在形状上近似于球体。地球围绕地轴每自转 24 小时便形成了一个昼夜循环。由于地球自转，反倒让地球上的人感觉好像是太阳、月亮、恒星以及其他行星每天都在围绕地球转动。

6—8 年级：地球

• 由于地轴与地球围绕太阳公转的轨道之间存在一定的倾角，而地球每天又围绕地轴自转，因此，地球受到太阳直射的地方在一年内有所不同。

在幼儿园—4 年级以及 5—8 年级中使用这个故事

本部分我把高低两个年级层次的教学建议合二为一，因为这些内容只需稍作修改即可适合不同年级的教学。如果你打算利用这个故事来探索太阳和月亮运动的本质，请参阅本书“绪论”部分关于两位教师如何使用类似故事在不同年级进行教学的案例分析。你可以看到这两位老师使用故事“橡子去了哪里?”进行为期一年的研究，其结果与本故事有很多共通之处。我还想推荐你读一读《日常科学之谜》(Konicek-Moran，2008)一书 45—50 页的内容，了解一下你可能会用到的关于天文知识教学的其他建议。你也可以参考《月亮的把戏》(本书第五章)。

即使你不需要深入研究天文学，我仍然建议了解一下学生对“太阳在一年中的视运动”懂得多少。如果他们不知道观察太阳在一天以及在一年之内发生变化的重要性，就不可能理解时间的真正意义。你可能想制作一个日晷，让孩子们坚持每天读取并记录晷针的投影以及太阳运动的情况。他们会发现阴影标记的太阳时间与钟表时间相吻合，对此感到非常好奇：“它是怎么做到的?”当然，他们也会注意到，在实行夏时制期间日晷显示的时间与机械钟或数字钟时间相差一个小时。如果你在 3 月第一个星期天夏时制开始实行之前让学生做这个实验，他们就会发现两者差别非常明显。他们通过实验发现，太阳并没有向前跃进，只不过是时钟上的时间被人为改变。你可以问问学生是否注意到，在从冬令时切换到夏令时的过程中，他们自己或宠物的生活有没有发生什么变化？如果他们家里有婴儿，婴儿的行为是否出现什么变化？他们的课外活动发生了什么变化？

实际上,如果你根据当地纬度把日晷进行恰当设置,得到的时间就会相当精确。你应当参照历书给出的当地经度和纬度表对日晷参数进行适当修正。如果你觉得这些做法有点复杂,那就对了,它们虽然对低年级学生而言有一定难度,但是对高年级学生而言妙趣横生。世界上的数字时钟(例如那些联网电脑上的时钟)对时标准是铯原子钟,但是你使用的钟表对时标准可能是 24 小时制天体时间(例如挂钟或手表,需要偶尔纠正一下)。美国的原子钟被保存在位于科罗拉多州博尔德市的美国国家标准与技术研究院,当然世界其他地方也有很多原子钟。如果你有大约 20 000 美元闲钱,也可以买一个。制造商声称,他们生产的原子钟每 2 000 万年误差仅为 1 秒。我在撰写本部分内容时注意到电脑上的时间是准确的,但是电子手表快了 6 秒钟。不过,我觉得这样已经足够精确,用不着去调整它。我们一般不在乎钟表是否分秒不差,但是对天文学家及其他科学家而言,时间是否绝对精确非常重要。美国读者最好通过访问官方网站获取准确的时间,其他国家读者可以访问世界时钟网站获取世界各地的时间。

围绕夏时制的利弊美国国内还存在很多争议,你可以借机让学生也来讨论这一问题。他们可以通过互联网或图书馆获得大量的信息。如果你把钟表上的时间改变以后生活会发生什么变化?你可以让学生就这个话题撰写一篇故事,由此把文化素养的培育与科学知识的传授结合起来。如果你的学生是技术能手,可以让他们根据自己收集的资料制作 PPT 文件。你也可以让他们在全校各个年级的学生中进行民意调查,制作成各种图表(这就需要用到数学及其他科学知识)供全校师生观摩学习。印第安纳州是一个非常有趣的地方,值得学生认真研究,因为这一个州内竟然存在各种各样的时区。“印第安纳州是什么时间?”是一个八年级学生正在研究的课题,相关内容可以从网上获得。

如果你想让学生们使用用电、取暖或制冷账单作为实验数据,那么你也可以自己动手研究一下夏时制对节约能源具有什么影响。你当地的能源供应商可以提供现成的数据。同样,你也可以获取关于预防犯罪和交通事故的统计资料,从而比较各地在这方面存在什么差异。你还可以通过采访了解公众对夏时制的看法。他们是否感觉到由于实行夏时制自己的睡眠时间减少了?奶牛有没有适应新调整过的钟表时间,还是农民像往常一样根据太阳时间给奶牛挤奶?这些问题都很有趣。有人甚至开玩笑说,由于实行夏时制白天平白无故多出了一个小时,从而导致全球变暖。更离奇的是,竟然还有人信以为真。总而言之,你可以让学生以这个故事为契机去收集大量数据，得到自己的结论。

波士顿 WGBH 电视台《教师领域》节目有一段为教师准备的精彩卡通视频“时钟是怎样工作的”。你可以通过登录网站加入这个群体。该视频讲述的是，一群儿童为了拯救处于危险中的朋友，在没有钟表的情况下如何想出记录时间的方法。我强烈推荐这个视频。

相关书籍和美国科学教师协会期刊文章

Driver, R., A. Squires, P. Rushworth, and V. Wood-Robinson. 1994. *Making sense of secondary science: Research into children's ideas*. London and New York: Routledge Falmer.

Keeley, P. 2005. *Science curriculum topic study: Bridging the gap between standards and practice*. Thousand Oaks, CA: Corwin Press.

Keeley, P., F. Eberle, and C. Dorsey. 2008. *Uncovering student ideas in science: Another 25 formative assessment probes, volume 3*. Arlington, VA: NSTA Press.

Keeley, P., F. Eberle, and L. Farrin. 2005. *Uncovering student ideas in science: 25 formative assessment probes, volume 1*. Arlington, VA: NSTA Press.

Keeley, P., F. Eberle, and J. Tugel. 2007. *Uncovering student ideas in science: 25 more formative assessment probes, volume 2*. Arlington, VA: NSTA Press.

Konicek-Moran, R. 2009. *More everyday science mysteries*. Arlington, VA: NSTA Press.

参考文献

American Association for the Advancement of Science (AAAS). 1993. *Benchmarks for science literacy*. New York: Oxford University Press.

Konicek-Moran, R. 2008. *Everyday science mysteries*. Arlington, VA: NSTA Press.

National Research Council (NRC). 1996. *National science education standards*. Washington, DC: National Academies Press.

WGBH Educational Foundation Teachers Domain. How clocks work. *www.teachersdomain, org/resource/vtl07. math. measure, time. lpclocks.*

第八章
日出，日落

“如果你们在丛林里迷了路，早晨的晴空万里无云，在没有指南针的情况下你们怎么分辨方向？”在爱达荷州北部一队童子军的每周例会上，团长问道。

“苔藓只生长在树木的北侧，”一名团员回答。

“真的一直都是这样吗？”童子军团长追问道。

12 个忸怩不安的男孩子默不作声，似乎有些怀疑。

“那是我听别人说的,”那名团员有些犹豫。

“那么,要是你看到很多树木,并不是所有苔藓都长在北侧,你该怎么办?”

沉默。

“太阳呢?”团长提示道。

沉默。

“我说,你们都知道太阳每天早上从哪里升起,对吧?”

沉默。

然后,从教室后排传来一句带着疑问的微弱回答:“太阳总是从东方升起?”

“那么太阳从哪里落下呢?”

“我想……是从西方,”一个新来的童子军说,他正在上一年级。

“对!”团长说。“因此,如果你看见太阳升起或落下,就能辨别哪里是东方或西方。这就意味着,本周末我们去露营的时候,可以尝试不利用指南针而是利用太阳找到出行路线。”

到了周末。男孩子们都出去露营,他们搭建帐篷,为第二天上午远足做好准备。这是6月一个清新爽朗的清晨,天空没有一丝云彩,太阳带着美丽的金色光芒从地平线冉冉升起。

“孩子们,你们瞧,那边是什么方向?”团长问道。

“东方?”孩子们齐声反问。

“是的!现在让我们用指南针核实一下,这样你们就知道判断是对的。”

孩子们纷纷从口袋或背包把指南针拿出来,看到那些指针不停地转来转去,最后终于停了下来。孩子们议论纷纷。

“哎呀,”一个男孩说,“在我看来,太阳好像在东偏北的位置。”

“让我瞧瞧你是怎么用指南针的,”团长说道,把自己的指南针放在他的旁边,抬头看了看太阳升起的方向。他皱了皱眉。“一定是我们的指南针坏了。”

噢,不,每一名团员的指南针都显示出相同的结果。太阳升起的方向确实是东偏北,而不是正东方向。

“算啦,至少我们知道今晚太阳会从西方落下。甚至各种篝火歌曲都是这样唱的。”

夜幕降临,太阳沉到地平线以下,孩子们有点信不过团长说过的话,纷纷拿出指南针来核实一下。结果,他们又发现了一个新谜团,为了解开这个谜团他们需要花费很多时间用心观察。

目的

天文学规则并不总是正确的，尤其是它们使用“总是”这个字眼的时候。学生应当明白，除非他们住在赤道或距离赤道很近，否则，他们那里每年只有两天时间太阳从正东方向升起，即春分点和秋分点。这则故事的另一个目的是，帮助学生理解在不同季节对太阳进行测量时纬度发挥重要作用。

相关概念

- 二分点
- 二至点
- 纬度
- 地轴倾斜

不要惊讶

你的学生可能听说过太阳总是从东方升起、在西方落下。除非他们有机会把当地日升日落的情况绘制出来，否则他们可能根本不会意识到地轴倾斜对太阳方位造成什么影响。他们可能不知道，与生活在赤道附近的人们相比，北半球高纬度地区以及南半球低纬度地区的人们看到太阳运行的路径大相径庭。最后，你的学生可能也不知道，地球的磁北方与“真正的”北方是两个不同概念。

内容背景

正是由于地轴倾斜，导致太阳等天体在天空中似乎是围绕地球移动，由此产生很多令我们迷惑不解的现象。地球在围绕太阳公转时其本身方向并非垂直的，而是与公转轨道形成 23.5 夹角，并且在公转过程中始终保持这种倾斜角度，每 365 天或更长时间公转一圈即一太阳年。（为了更形象了解地轴倾斜，你可以看一看地球仪，其倾斜方向稍微偏向左侧。）正是地轴倾斜导致四季更替，而很多人似乎依然认为，地球在夏天比冬天距离太阳更近，这才是四季更替的原因。如果你想了解关于这个错误认识的更多内容，可以在网上查看安能伯格频道（Annenberg Channel）

的视频节目《私人宇宙》。这部精彩视频将会让你看到哈佛大学1987届毕业生(甚至包括一些老师)在解释季节更替原因时遇到的麻烦(Schneps,1987)。

在北半球,冬季我们实际上距离太阳更近,然而,由于地轴倾斜造成南半球跟太阳光线处于垂直状态,更多"直射"光线照射到南半球。直射光线比间接照射光线提供更多辐射能,所以那些被阳光直射的地方天气比较炎热。因此,当美国人和加拿大人过冬的时候,阿根廷人正在度夏。

不过,这则故事探讨的是日升日落以及我们从这一习以为常的现象中能发现什么。童子军团长(以及我们很多人)没有注意到太阳等天体运动路径每天都在变化。一个真正有心的观察者即使没有刻意去观察,也能留意到某种现象正在发生什么细微变化。大多数人每天从很多自然现象旁边走过,却根本没有在意它们。我们的注意力往往集中于手头的事情。很多事情就在我们眼皮底下发生,我们却熟视无睹,因为我们并不善于观察,一个典型例子就是每天或每晚都从空中经过的太阳和月亮。

如果地轴没有倾斜,一年中每一天都应当是昼夜平分:白昼时间与黑夜时间相等。"二分点"的意思就是"每晚时间相等"。白天(有阳光照射的时间)和黑夜(没有阳光照射的时间)是由地球绕轴"自转"引起的。然而,由于地球每年围绕太阳公转时地轴是倾斜的,所以北半球的春分点标志着春季开始,白昼时长开始增加,黑夜时长开始减少。北半球的陆地和海洋接收太阳直射光线的时间越来越长,因此变得越来越热。太阳每天在空中的"路径"经过时位置似乎越来越高,地平线上标志太阳"升起"的地点逐渐向北偏移。随着夏至日益临近,每天太阳逗留在地平线以上的时间越来越长。

大约在北半球6月21日,北半球受到太阳光线直射最强,太阳位于地平线以上的时间为一年中最长,我们便迎来了夏至日,也就是夏季的第一天。在一些古代文化中,这一天被称为"仲夏节",具有特殊的重要性。一些古代文化利用碑石等纪念这一天以及冬至、春分和秋分日,例如英国的巨石阵、中南美洲印加帝国以及美国新墨西哥州查科峡谷的文化遗址等。古人利用石头记录日出后太阳光线的运动路径,在一些特殊的日子让光线照射到石头之间的通道或从中穿过。古人似乎比我们当代人更关注季节变化。

一个行之有效的方法是,试想一下你正在遥远太空某个地方观看地球这边的天体盛会。从你所处的有利位置可以目睹地球运动的路径,它围绕太阳公转时地

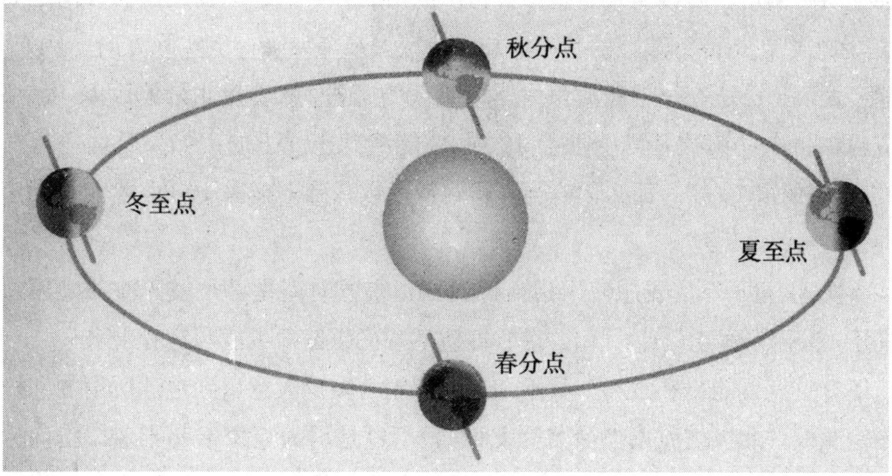

8.1 二分点和二至点

轴始终指向一个方向。你可以看到地球运行到春分或秋分点时，太阳光线正好照亮半个地球。你会注意到，在这两个位置，从地球上任何地点看到的太阳都是从正东方向升起。地球运行到夏至点时北半球受到阳光直射，而运行到冬至点时南半球受到阳光直射。你还会注意到，在北半球夏至时，日出地点位于东偏北的方向，而且太阳在天空南部运行的轨迹最长；相反，在南半球夏至时，日出地点位于东偏南的方向，而且太阳在天空北部运行的轨迹最长。如果你还想象不出这种情形究竟是什么样子，可以上网查找演示。

我们的童子军能够分辨日出点的方向是正东还是东偏北，尤其是在地处北纬的爱达荷州。如果他们一路北上来到北极圈附近，就会发现两个方向差异更大。如果他们到了北极圈以北，就会发现太阳一整天都不会落下，而只是在地平线以上较低的位置运动，这是因为太阳光线直射北半球。顺便说一下，团长可以找个机会解释说自己在总结日出规律时犯了一概而论的错误，然后勇于承认错误，然而我们都知道这样做有多难！

我还想说一说磁北与“正北”的区别：磁北是指南针指示的北方，而正北是指在地图上你所处位置到北极点的方向。在南半球，也就是磁南与正南的区别。地球这块巨大磁铁的磁极至今已经偏移了 1 200 英里，指南针指示的方向不是地图上的正南、正北。因此，如果你对某个地方感兴趣，就应当从当地运动器材店或美国地质调查局（或者该机构网站）获取该地的地形图。地形图不仅会画出等高线，而且会标出磁偏角。磁偏角是指指南针指示的南北方向与地球真正南北方向之间的夹角，你可以在指南针读数的基础上加上或减去某个数字得出实际方向。例如，你可能会发现自己所在位置磁偏角为－10或W10，这意味着磁北是偏西10度，那么你应当在指南针读数基础上加上10度，才能找到正北方向。如果磁偏角为＋10度或E10（偏东10度），那么你应当在指南针读数基础上减去10度，才能找到正北方向。

事实上，童子军们要想使用指南针找到正东方向还是必须首先查阅地图。问题在于，日出点确实位于东偏北方向，即使不考虑磁偏角也能明显看出来。

还有一点可能出乎意料。我不知道你们中有多少人意识到地球所谓的北极其实是南磁极。北极之所以被命名为北极，只不过是因为它位于北半球。指南针的指针标志着磁铁的北极，按理说应该被另一个北极排斥，然而，指针之所以指向北方，是因为北磁极实际上是地球磁场的南极。当然，这并不妨碍我们辨别方向，如果我们向北走，还是朝北极方向走去，反之亦然。我们依然可以说，在北半球，随着日子一天天从春分过渡到夏至，太阳升起的地点也逐渐向东北方向偏移。别忘了那些生活在南半球的人，我们认为他们总是"倒立"的，而实际上他们看任何东西都跟我们相差180度。

《国家科学教育标准》（国家研究委员会，1996）的相关内容

幼儿园—4年级：地球和天空中的变化

• 天空中的物体具有自己的运动模式。我们可以观察到月亮形状一天天发生变化，整个变化周期持续时间大约为一个月。

5—8年级：太阳系中的地球

• 太阳系中大多数天体的运动都有一定规律并且可以预测。它们的运动造成日、月、年、月相以及日食和月食等天文现象。

《科学素养基准》(美国科学发展协会,1993)的相关内容

幼儿园—2 年级:宇宙

• 月亮看上去每天都略有不同,但是每隔四个星期便恢复到原来的样子。

6—8 年级:地球

• 月亮围绕地球公转一圈大约需要 28 天,由此使月球表面被太阳照亮的部分以及能够被我们看到的部分每天都在发生变化,这就是月相。

在幼儿园—4 年级中使用这个故事

本故事中关于太阳与地球关系的内容对低幼儿童而言可能太过复杂。不过,哪怕最年幼的孩子也可能会因此对太阳运行轨迹感到好奇,你也可以借此机会让他们做一些科学观察与记录。如果你读过本书“绪论”部分,就会看到一位二年级老师如何运用另一则故事“橡子去了哪里?”引导学生花费一学年时间学习掌握太阳阴影的变化模式。那位老师所使用的一些技术同样适用于这则故事,因为两则故事涉及的很多概念是相似的。如果你能找到一本《日常科学之谜》(Konicek-Moran,2008),该书“橡子去了哪里?”一章给你提供了大量关于如何在低年级学生中使用这个故事的信息。我还建议你购买一本今年新出的《老农年鉴》。该书价廉物美,只需对书中刊载的各种天文事件图表稍作调整即可适合你当地的情况。书中包含了日出、日落、月出、月落、日食、月食及白昼时长等精确时间表,以及其他许多用于天文教学的实用资料。

对低年级学生而言,了解太阳以可预测方式运动的第一步是,观察物体的阴影及其方向和形状如何发生变化。你可以让孩子们把铅笔垂直放在课桌上,用黏土把铅笔固定住。给每一组孩子发一个手电筒,然后把教室里的灯光调暗。让他们用手电筒和铅笔做实验,观察光源移动时铅笔投射的阴影会发生什么变化。你可以让他们做如下实验:

• 让阴影朝你的左手方向移动。

- 让阴影朝你的右手方向移动。
- 让阴影变得更长。
- 让阴影变得越来越短，直至消失。

让学生记录或绘制每一种情况下光源的位置。然后让他们就自己所学到的阴影知识列一个清单。把这些内容粘贴在绘图纸上，如果学生就某些问题存在分歧，让他们通过实验加以解决。

此时，孩子们一般都已经跃跃欲试，准备到室外观察自己的影子在一天中不同时间发生什么变化。他们也可以玩“踩影子”游戏——追逐他人使两人的影子不分离。所有这些活动都会使他们对阴影如何形成以及如何变化更加熟悉。

下一步可以让学生观察太阳形成的阴影。你可以让学生把一根棍子插在水平地面上，使棍子与地面保持垂直状态，这就是所谓的日晷(图 8.2.)。“晷针”这个词来源于古希腊，意为指示器，也就是日晷投射阴影的部分。一旦学生看到太阳这个光源，就可以利用太阳做上述阴影运动和长度变化的实验。两者最大的区别在于，他们不能像控制手电筒那样控制太阳，而是必须等待太阳通过自身移动改变阴影。这就意味着他们需要在纸上记录阴影的位置和长度。最简单的办法是，制作日晷时把晷针插在一张纸的中央，用石头或牙签把纸的边缘固定住。可以让孩子们每隔一段时间把当时的阴影轮廓描摹下来，以此记录阴影的长度和方向变化。

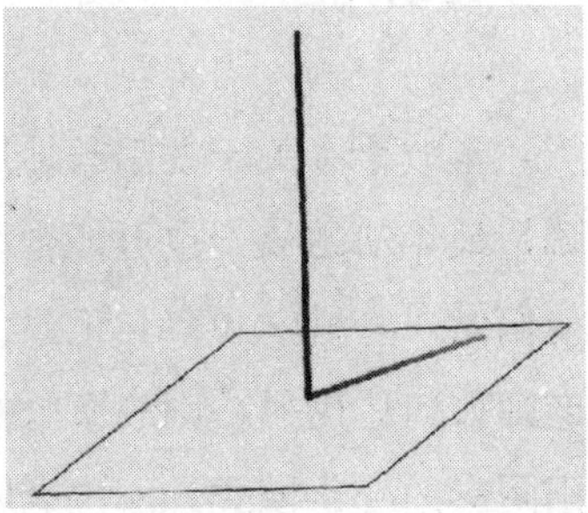

8.2　日晷

随着孩子习惯使用这一装置，年龄大一些的孩子们或许会发现，北半球三月春分以后，与当月每天同一时间相比，早晨的阴影会逐渐向南偏移。这一结果可以被解读为太阳在天空的方位逐渐向北偏移，因此反方向的阴影在纸上就会向南偏移。当然，在南半球情况刚好相反。

他们可能还会发现，随着夏季月份日益临近，白天阴影变得越来越短，这就意味着太阳在天空的方位变得越来越高。如果你碰巧在佛罗里达州南部的基韦斯特岛(Key West)教书，那么你所处的纬度仅比北回归线(北纬 23.5°)多一度，6 月 21 日(夏至)中午时分，太阳几乎就位于你头顶的正上方，然而，这是太阳在北半球能够直射的最北边缘。换句话说，地球任何地方一到中午太阳都会位于头顶正上方的传言是假的。

季节更替的原因最好留待中学阶段再让学生研究，我们将在下一节继续探讨这个建议。

在 5—8 年级中使用这个故事

根据我在 5—8 年级的教学经验，有些学生（但非所有学生）能够利用必要的空间关系知识理解季节更替以及月相变化等现象背后的原因。我相信你完全值得尝试一下，不过，如果学生直到后来在其他班级才“学会”，你也用不着惊讶。你完全可以感到宽慰，因为你已经尽了力，你的努力为学生将来最终领悟这方面知识打下了坚实基础。

我认为一个有效的做法是，你在准备与学生共同进行调查研究之前，最好亲自观看一下前面提到的视频《私人宇宙》。你会看到那些学生并不比你的学生年龄大多少，他们在解释太阳、月亮和地球关系时窘态百出。你会注意到其中有一个女生迅速拿来道具帮助自己了解三个天体之间如何相互作用。虽然不是所有学生都属于触觉型学习者，但是鼓励他们自己动手利用实物建造模型，能够形象生动地展示季节、月相、月食以及日食等形成的原因。尽管这不是本故事的主要目的，但是如果学生能够因此对“太阳光线每年自身如何发生变化以及对地球造成什么影响”等知识有所了解，也算是一大收获。

如果你想向学生介绍定向运动——利用地图和指南针找到指定的地点，那么你就需要教会他们使用指南针的技巧，还要让他们懂得前面提到的磁偏角问题。有时候，定向运动是激发学生积极探索地球这个巨大磁体奥秘的绝好方法，因为它与我们的生活息息相关。

到了中学阶段，学生应该能够给童子军露营的故事续写合理的结尾，也能够明白团长的结论与指南针显示的结果为什么不一致。他们可能想等到春分时再做观察，验证一下太阳升起的地点是否位于正东方向。毕竟，亲自验证各种模式也是科学研究的重要组成部分。还有重要一点需要指出，这个露营故事发生在 6 月份（早已过了夏至）。

相关书籍和美国科学教师协会期刊文章

Keeley, P. 2005. *Science curriculum topic study: Bridging the gap between standards and practice*. Thousand Oaks, CA: Corwin Press.

Keeley, P., F. Eberle, and C. Dorsey. 2008. *Uncovering student ideas in science, volume 3: Another 25 formative assessment probes*. Arlington, VA: NSTA Press.

Keeley, P., F. Eberle, and L. Farrin. 2005. *Uncovering student ideas in science, volume 1: 25 formative assessment probes*. Arlington, VA: NSTA Press.

Keeley, P., F. Eberle, and J. Tugel. 2007. *Uncovering student ideas in science, volume 2: 25 more formative assessment probes*. Arlington, VA: NSTA Press.

Keeley, P., and J. Tugel. 2009. *Uncovering student ideas in science, volume 4: 25 new formative assessment probes*. Arlington, VA: NSTA Press.

Konicek-Moran, R. 2009. *More everyday science mysteries: Stories for inquiry-based science teaching*. Arlington, VA: NSTA Press.

Konicek-Moran, R. 2010. *Even more everyday science mysteries: Stories for inquity-based science teaching*. Arlington, VA: NSTA Press.

参考文献

American Association for the Advancement of Science (AAAS). 1993. *Benchmarks for science literacy*. New York: Oxford University Press.

Driver, R., A. Squires, P. Rushworth, and V. Wood-Robinson. 1994. *Making sense of secondary science: Research into children's ideas*. London and New York: Routledge Falmer.

Gilbert, S. W., and S. W. Ireton. 2003. *Understanding models in earth and space science*. Arlington, VA: NSTA Press.

Keeley, P., and J. Tugel. 2009. *Uncovering student ideas in science, volume*

4: 25 new formative assessment probes. Arlington, VA: NSTA Press.

Konicek-Moran, R. 2008. Where are the acorns? In *Everyday science mysteries: Stories for inquiry-based science teaching*, 39 – 50. Arlington, VA: NSTA Press.

Konicek-Moran, R. 2009. *More everyday science mysteries: Stories for inquiry-based science teaching*. Arlington, VA: NSTA Press.

National Research Council (NRC). 1996. *National science education standards*. Washington, DC: National Academies Press.

Oates-Brockenstedt, C., and M. Oates. 2008. *Earth science success: 50 lesson plans for grades 6 – 9*. Arlington, VA: NSTA Press.

Schneps, M. 1986. *A private universe project*. Harvard Smithsonian Center for Astrophysics.

United States Geological Survey. *www. usgs.gov*

Yankee Publishing. *The old farmer's almanac*, published yearly since 1792. Dublin NH: Yankee Publishing.

第九章
请稍等一分钟！

科学挑战赛已经确定下来，整个学校都为这场竞赛欢呼雀跃。今年，科学委员会没有像往年一样举办科学博览会，而是要求每个学生尽其所能来迎接一项特殊的挑战。参赛者可以是个人也可以是团队，但必须严格遵守竞赛规则，其中包括：他们可以花多少钱，可以使用什么材料。

挑战赛题目是制作一个能够精确测量一分钟的计时器。参赛者不得使用任何时钟机构，只能借助一种力使其运行——参赛者可以选择任何一种力。材料费不得超过 5 美元。评判标准是看一看每个参赛小组的计时器测量一分钟的精准性如何。

恩里克和凯特琳娜打算合作，但是两人就如何制作计时器以及计时器使用哪一种力等问题存在很大分歧。恩里克想利用重力，而凯特琳娜想利用浮力（也就是能让物体上浮或下沉的力）。

“我想做一个斜面，让弹珠沿迷宫滚到底部的时间恰好一分钟，”恩里克说。“这将要用到重力。”

“那太容易了，”凯特琳娜说。“我们应该制作水钟。在一个盛有水的大碗里放入另一只底部有孔的小碗，小碗在水上漂浮一分钟后沉入水中。”

“我知道你说的水钟是什么，可是那也很容易，”恩里克说。“所以我们要想想看还有什么更棒的主意，一个没有人能想到的好主意。”

“我们应该能够想出与众不同的新点子。即使实在想不出来，我们也可以回过头来做水钟。”

“或者做斜面。”

“好吧，做斜面也行，”凯特琳娜的回答显得无精打采。“不管怎样，我们肯定能做出一个测量一分钟的东西。为了让计时装置正常工作，我们可以利用的力有几种？怎样才能让它精确测量一分钟呢？”

目的

这则故事显然是关于技术标准的。它提到了两种简单的计时器，而且暗示了还存在其他可能的方法。学生可以对这两种计时器加以改进或发明其他装置，以此参加科学竞赛。他们面临的挑战是，要么在既有计时器的基础上加以改进，要么创造出新的计时器。在评判时，你最好准备一个能精确到十分之一秒的秒表，我看到过以这么短时间决定胜负的竞赛！学生在面对这项挑战时往往会显示出非凡的创造力和竞争力。

相关概念

- 时间
- 精度
- 力
- 设计

不要惊讶

时间只不过是两件重要事情之间的间隔，对年幼的孩子而言尤为如此。假日与假日之间的时间间隔很长，而课间休息与午餐之间的时间间隔则很短。有多少家长在旅行途中或者等候去某地时听到过孩子们这样问："还有多久?"对某些小孩子而言，时钟也许具有一定的意义，但是更直观的是各种以沙漏为基础的计时器。不管怎样，看到沙子从小孔流到底部，能让他们直观地感觉到什么是开始与结束。很多孩子在学校或家里玩游戏时肯定用过这些沙漏。

时间似乎常常是由大人设定的。许多孩子弄不明白，为什么只能在规定的时间看自己最喜爱的电视节目，而不是想什么时候看就什么时候看。还有，你不要指望低年级学生能够把天文钟与日常作息联系起来。对他们而言，为了实行夏时制而把时钟往前或往后调整似乎没有什么意义。甚至一些成年人也这样认为："白天多出来的时间对庄稼没什么好处。"(这是数年前我祖父的一位朋友所言)。

内容背景

人类在地球上诞生之初或许就已经开始对时间进行测量。当然,早期人类懂得如何区分白天和黑夜,或许还敬奉着他们认为掌管这一切的诸神。天体运行的规律对人类生活非常重要,他们不可能没注意到或者没记录下来。至今我们还能找到古人对夏至、冬至、春分以及秋分等重要时令变化记录的证据。英国南部的巨石阵就是一个天文时钟,或许还是一个祭祀场所。巨石阵中的石头排列与各种天体运行规律吻合,其中包括上述二至点和二分点。一千多年前,美国新墨西哥州北部查科峡谷阿纳萨齐人(Anasazi)也建造了记录天体运行的设施。当然,南美洲和中美洲的阿兹特克人和玛雅人早在公元 11 世纪就有了天文历法,这些历法非常精确,可预知一年中重大的节假日和主要的农事活动。

从现存的一些人类文明遗址可以很容易推断出,早期人类就已经把时间与天体的周期运动联系了起来,例如太阳、月亮以及一年中不同时间可见的各种星座。古埃及人用方尖碑制作日晷,甚至制造了精巧的水钟"漏壶"(水贼),记录一天中的重要时刻。大约 2 000 年前,中华帝国制造出非常复杂的水钟,用来测量白天和黑夜的时间。

时钟的制作需要具备某些要素,其中最重要的是一贯性、周期性、持续性和重复性,从而能够划分出相等的时间增量。由于涉及压力、变化等动力学问题,设计时钟并不是一件容易的事,几个世纪以来,人类进行了各种尝试。例如,水从一个容器滴入另一容器时,水的压力会产生变化,导致水滴落的速度随着时间流逝而减慢。随着人类对精确度的要求越来越高,我们的祖先充分发挥聪明才智,发明了许多测量时间的方法。

到了近代,18 世纪 60 年代,英国人约翰·哈里森发明了计时非常精确的钟表,可用于船只在海上航行时判定经度。他的钟表在几个月内误差仅为 5 秒。怀表由此诞生,成为数百年来的标准计时工具,即使在世界各地的穷人中间也非常流行。

世界各地文明如何利用与掌控时间的历史异彩纷呈,也值得我们学习。旅行和商业需要准确的时刻表、时区以及与时间有关的各种规则和规定。数百年来,天文学、(伪科学)占星术、政治和宗教也对时间测量和操控做出了重大贡献。

当今 21 世纪，美国政府采用铯原子钟作为计时标准，这种时钟非常精确，6 000万年的误差仅为 1 秒！（那个关于“符合政府标准就行”[①]的笑话怎么说来着？）铯原子钟是利用铯原子的规则运动来计算时间间隔。当然，实际情况比这要复杂得多，超出了本书的讨论范围！如果你想给手表对时，可以在网上查到精确时间。你可以看到，我们已经讲了从方尖碑、漏壶到巨石阵等悠久的计时历史，但是，如果你以为研究时间的科学家和工程师们满足于 6 000 万年误差少于一秒，那你就大错特错了。他们矢志不渝地发明新东西来改进计时方法，而人类文明从诞生之日起就一直在这方面坚持不懈地努力着。因此，我们欢迎你的学生参与其乐无穷的改革创新活动，加入那些曾经为更精准测量时间而不断发明计时新装置的科学家行列之中。

本故事提到了两种计时装置——迷宫和水钟。迷宫是一个简单的斜面，利用重力令弹珠沿着一些挡板下落，挡板可起到减速作用，使得弹珠在规定时间到达底部终点，而不是在几分之一秒内垂直落下。挡板的设置需要经过反复实验，好让弹珠在预设时间抵达终点。

水钟设计方法多种多样，但基本原理都是利用水以固定速度向下滴落或者经由小孔渗透。一种方法是在一大碗水中放入底部有孔的小碗，水从小孔渗入碗中，最后使小碗沉下去，小碗下沉的速度取决于孔的大小。另一种改良模式是让一碗水滴入另一个碗里，直到使后者沉没，下沉的速度同样取决于孔的大小。

我们还可以利用蜡烛制作计时器，让蜡烛以恒定的速度燃烧。我见过有人把蜡烛放在像跷跷板一样的天平上，随着蜡烛燃烧，天平两端的平衡被改变。

回到上面提到的计时装置共同属性——一贯性、周期性、稳定性和重复性，只有具备这些属性的装置测出的时间间隔才能均匀。你可以在这些属性的基础上自由发挥，比如上述的迷宫例子。但是，关键在于计时器工作时必须保持一贯性，不能随时间变化而变化。你的学生应该能够想出无数个设计方案，最精确的计时装置将会从比赛中胜出。

---

① 符合政府标准就行：这一说法来源于“二战”期间，意指一件产品已经达到了政府规定的严格标准，无须再花时间或精力加以改进。——译者注

《国家科学教育标准》(国家研究委员会,1996)的相关内容

幼儿园—4 年级:技术设计能力

• 辨识简单的问题。

• 在辨识问题时,学生应当学会用自己的语言来解释问题并明确具体任务和解决问题的办法。

• 提出解决问题的办法。

• 学生应当能够就建造某物或改善某物提出建议;他们应当能够把自己的想法描述出来并与他人沟通。学生应当意识到,设计方案时可能会受到诸多限制,如成本、材料、时间、空间或安全等。

5—8 年级:技术设计的能力

• 提出问题解决方案或设计产品。

• 学生应该按照自己选定的标准提出不同方案并加以比较。他们必须考虑诸多限制因素,如时间、利弊、所需材料等,用图表和简单模型来表达自己的想法。

• 实施设计方案。

• 学生应当准备好所需材料及其他资源,做好实验安排,适当的时候充分利用团队合作,选择合适的工具和技术手段,利用恰当的测量方法,以保证实验结果具有足够的精确度。

• 对已完成的设计方案或产品做出评价。

• 学生应当考虑与产品设计基本目的或用途相关的标准,适当考虑可能影响目标用户接受程度的各种因素,根据这些标准和因素制定质量检验标准;他们还应当提出改进意见,并对自己的产品进行修改完善。

《科学素养基准》(美国科学发展协会,1993)的相关内容

幼儿园—2 年级:技术和科学

• 人们使用工具是为了更好、更方便地完成某些事情,而这些事情不依赖工具根本无法完成。从技术角度而言,人们使用工具主要是为了观察、测量或制造

东西。

• 在建造某物或对某物进行改善时，最好是遵循现有的操作指南，或者向那些具有相关经验的人征求意见。

• 无论个人还是团体，人类总是在不断地想方设法来解决问题或完成工作。人类发明的各种工具和想出的各种办法影响着生活的方方面面。

幼儿园—2 年级：设计和系统

• 人们能够利用实物和具体方法来解决问题。

3—5 年级：设计和系统

• 即使一个完美的设计方案也可能面临失败。有时候我们可以提前采取行动来减少失败的可能性，但不可能完全避免失败。

3—5 年级：技术和科学

• 纵观历史，世界各地的人们不断发明并使用各式各样的工具。今天的大多数工具已经跟过去大相径庭，但是，很多工具都是在古代工具的基础上改良而成。

• 任何发明都有可能导致其他新发明。一旦有一项发明存在，人们很可能会想出一种从未想到的方法来使用它。

6—8 年级：设计和系统

• 设计时通常需要考虑到各种局限性。某些局限是不可避免的，例如重力或使用的材料属性等。

• 技术不可能总是提供成功解决问题的方案或满足每个人的需求，让你一劳永逸。

在幼儿园—4 年级中使用这个故事

你可能需要提醒学生回忆他们玩游戏的时候是怎么计时的。如果有些学生（如果不是全部学生的话）不曾玩过沙漏，那就太不可思议了。根据学生的动手能力，你可以问问他们能不能用药瓶或其他容器以及沙子做出类似的东西。你可以问他们如何使用计时器测量间隔较长或间隔较短的时间。他们往往会提议使用更大或更小的容器，增减沙子的用量，或者改变沙漏孔的大小。

低年级孩子可能不具备制作迷宫和弹珠斜面的动手能力。然而，有些孩子玩过的斜面和弹珠玩具稍加改造后，可以改变弹珠滑动时间的长短。一种方法是利用玩具，学生可以通过改变斜面坡度来调节弹珠速度快慢。积木也可以用来制作斜面，你可以让孩子们自己动手改造。还有一种方法是利用汽车坡道，因为其中包含大量延长线和弯道等，很容易调整。孩子们也许会认为较重的球体滚落斜面的时间较长，你也可以借此机会让他们验证这个假设。

我在四年级及以上年级学生中做过尝试，取得很大成功。学生一开始往往想使用木头来制作斜面，后来明白使用纸板也行，而且还能降低成本。他们意识到，纸板的倾斜角度对计时装置影响很大。有学生建议在终点放一个金属杯子让球落进去，标志下落过程结束。他们还兴致勃勃地设计水钟，很快就意识到利用胶带改变碗底洞口的大小可以影响碗保持漂浮状态时间的长短。还有一些学生创造能力更强、技术水平更高，尝试制作倾翻装置以及/或者在蜡烛上标出刻度，由于后者数据难以读取，只得被放弃。

我见过的最巧妙设计之一是，在天平一端放置一根蜡烛，随着蜡烛燃烧重量变轻之后，天平失去平衡，而天平旁边放置一张标有时间刻度的纸。实验几次之后天平就倾翻了——这是技术上的一点缺陷。学生们的奇思妙想肯定会让你刮目相看。

你应当利用这次机会让学生在科学笔记本上记录他们遇到的难题、实施的计划、得出的结果和结论等。实验过程中出现的问题以及他们尝试解决问题的过程也应当记录下来。他们解决问题的技巧往往也是工程分析和实施过程中经常用到的。你可以邀请一位工程师来课堂与学生交流，这一做法可使他们以及工程师本人都从中受益匪浅。有些工程公司隶属于某种全国性机构，而这类机构设有专职部门帮助教师推广工程学课程。洛克希德马丁、思科和英特尔等公司都是这类企业赞助商。你可以在互联网上查找它们的信息，看看它们在推广技术课程方面能给你带来哪些帮助。

在 2007 年 3 月出版的《科学和儿童》杂志中，克里斯蒂娜·安妮·罗伊斯(Christine Anne Royce)推荐了两本普及读物，并指出了如何在幼儿园—3 年级学生中使用这些书籍。两本书书名分别为《让我们尝试建造塔和桥》(*Let's Try It*

Out With Towers and Bridges)和《桥：令人叹为观止的设计、建造与检验》(*Bridges*：*Amazing Structures to Design*，*Build*，*and Test*)。我强烈推荐你阅读这篇文章以及关于如何在幼儿园—3 年级学生中使用这两本书的建议。虽然该文与我们这则故事并无直接关联，但是可以作为很好的入门材料，引导学生设计制造新东西，用以解决生活中的实际问题。

在 5—8 年级中使用这个故事

首先，我建议你阅读上面关于幼儿园—4 年级的部分，其中包括把工程师请进课堂的内容。与那些机构合作之后，我发现态度诚恳、专业技术娴熟的工程师们乐于跟老师与学生打交道。

就像故事中描写的那样，中学生在面对挑战时总是跃跃欲试。你和学生们可以制定评分标准来评估每个项目的成败。有些项目虽然没有取胜，但是其精确度符合约定范围，并且采用的技巧值得称道，评分标准对这类项目应当留有余地。你们还可以设立其他标准，评出具有最佳创意或者最佳设计的产品。你的学生肯定能够创造出以上提到的很多装置，同样能够创造出常用的"多米诺效应计时器"，也就是让多米诺骨牌在规定的时间内依次倒下。

你也可以采取另一种益智游戏——鲁布·戈德堡(Rube Goldberg，1883—1970)机械大赛，该比赛以 20 世纪中叶一位著名漫画家的名字命名，他创作了许多用复杂机械来完成简单任务的漫画。本田汽车广告片中出现的戈德堡机械可谓是一个绝佳的范例，在 YouTube 网站还能看到。你可以鼓励学生使用搜索引擎查找戈德堡机械的各种视频，激发他们的创造灵感，综合利用几种力制造某种机械。M.F·沃尔夫(M. F. Wolfe，2000)撰写了一本关于戈德堡漫画的图书《鲁布·戈德堡：发明！》(*Rube Goldberg*：*Inventions*！)，该书为学生提供了丰富的资源。相关网站是美国全国戈德堡机械大赛的竞技场，并提供戈德堡作品的更多信息。戈德堡的名字甚至已经作为名词词条被词典收录，自己查查看吧！这些设计巧妙、构造精致的机械仿佛来自科幻世界，就其教育意义而言，它们不仅具备机械自身的基本功能，而且体现工程师们异想天开、妙趣横生的一面。它们还能激励学生们以不同寻常的方式来运用所学到的关于力的知识。

相关书籍和国家科学教师协会的期刊文章

Driver, R., A. Squires, P. Rushworth, and V. Wood-Robinson. 1994. *Making sense of secondary science: Research into children's ideas*. London and New York: Routledge-Falmer.

Keeley, P. 2005. *Science curriculum topic study: Bridging the gap between standards and practice*. Thousand Oaks, CA: Corwin Press.

Keeley, P., F. Eberle, and C. Dorsey. 2008. *Uncovering student ideas in science: Another 25 formative assessment probes*, volume 3. Arlington, VA: NSTA Press.

Keeley, P., F. Eberle, and L. Farrin. 2005. *Uncovering student ideas in science: 25 formative assessment probes*, volume 1. Arlington, VA: NSTA Press.

Keeley, P., F. Eberle, and J. Tugel. 2007. *Uncovering student ideas in science: 25 more formative assessment probes*, volume 2. Arlington, VA: NSTA Press.

Royce, C. A. 2007. If you build it. *Science and Children* 44 (7): 14 – 15.

参考文献

American Association for the Advancement of Science (AAAS). 1993. *Benchmarks for science literacy*: New York: Oxford University Press.

Johmann, C. A., and E. Rieth. 1999. *Bridges: Amazing structures to design, build, and test*. Charlotte, VT: Williamson Publishing Co.

National Research Council (NRC). 1996. *National science education standards*. Washington, DC: National Academies Press.

Royce, C. A. 2007. If you build it. *Science and Children* 44 (7): 14 – 15.

Simon, S., and N. Fauteux. 2003. *Let's try it out with towers and bridges*. New York: Simon and Schuster.

Wolfe, M. F. 2000. *Rube Goldberg: Inventions!* New York: Simon and Shuster.

第十章
柴堆里藏有什么?

一个温暖舒适的早晨,麦迪和贾斯汀刚刚安顿下来,动画片《地毯老鼠》(*Rug Rats*)就要开始播放。室内既温暖又明亮。柴火炉子发出的热气几乎都能看见。他们喜欢在星期六的早晨坐在软垫上看电视。

突然,他们的思绪被妈妈打断,她是进来给炉子添柴火的。

“噢,”她喊道,“有人忘记干家务,放木柴的箱子空了。如果你们还想继续取暖的话，就得马上把箱子装满。”

孩子们假装全神贯注地看电视，谁也不吱声。

“哎咳，”妈妈说，“哎咳！”她提高了嗓门，“木头呢？我们需要木头，就现在！”

贾斯汀抬起头。他就坐在空空的木柴箱子旁边，很清楚接下来要发生的一幕。他们不得不在寒冷的清晨来到室外，迈着艰难的步子用推车把一堆堆的木柴运到车库，再从车库搬到室内。然后，还要把木柴堆装到箱子里。从妈妈的脸色来看，这一幕很快就要降临。

“你们知道，如果每天都弄一点木柴进来，也不用费那么大劲，但是你们却任由箱子空着。现在，你们必须马上去把这件事干好。先干活，再看电视。”这样的话妈妈说过不下上百次。

麦迪和贾斯汀慢腾腾从地板上站起身，穿好衣服准备开工。他们知道妈妈说得对，但是每天总会有什么别的事情比搬木柴显得要重要。他们走出房间，室外简直跟北极一样，冷风吹过，扬起地上的雪花，冻得他们瑟瑟发抖。

“来吧，”贾斯汀说，“赶紧干活吧，那个大箱子等着我们填满呢。”

一个小时过后，两个满脸通红的孩子把最后一根木头放进箱子。他们虽然很累，但是经过这一番折腾他们也感觉暖和起来。

“瞧，足够用一段时间了，”贾斯汀一边说着一边把箱子盖盖上，“从现在开始，我每天都要搬三根木头进来。把整个箱子塞满可不是个轻松的活儿！”

孩子们脱去外套，摘掉帽子和手套，坐了下来。现在终于可以舒舒服服地看一小时卡通片了！麦迪坐在靠近电视的软垫上，贾斯汀的坐垫则靠近木柴箱子。五分钟以后，贾斯汀冷得发抖。

“咦！这里好冷啊，”他说。

“你会暖和起来的，”麦迪说，“你在外面呆的时间太长了。”

五分钟过后，贾斯汀又开始抱怨。

“更冷了！”他嚷道。

麦迪溜到他身边。她几乎立刻就感到了温差。

“我坐的位置也开始变冷了，”她说，“难道你忘记关门了吗？”

贾斯汀查看了一下，所有门窗都关得严严实实。

“那么，冷风是从哪进来的？”麦迪问。

木柴箱子周围的地方无疑都很冷，简直冷得没法呆。这时楼上传来喊他们吃午饭的声音,两个孩子拖着疲惫的脚步上楼就餐。当天下午晚些时候,他们返回楼下,发现房间又变得温暖宜人。

“我不明白为什么早上那么冷,现在却又变暖了,”贾斯汀一脸疑惑。

“也许是由于木柴的原因,”麦迪答道,“但是木柴怎么会让房间变冷呢?木柴应该让房间变暖才对。”

“是啊,木柴燃烧的时候很暖和,”贾斯汀解释道,“但是,如果我们只是把木柴放在那里呢?”

“可是,木柴现在也只是放在那里,房间却不冷了。有什么区别吗?”麦迪说道。

目的

木柴源于树木，对吧？木柴蕴含着化学能量，一旦放进火炉或壁炉燃烧，就会释放热量。然而，在这个故事中，地球馈赠给我们的木柴似乎使房间变冷了。原因何在？答案是物理学的分支热力学，该学科研究各种形式的能量在一个物体与另一个物体之间发生转化，从而对温度等因素产生影响，因为在一个封闭系统中，热量是从温度较高的物体传递到温度较低的物体。还有，这个故事也与我的个人经历相吻合，因为我和我的孩子们也曾经把一大堆木柴从寒冷的室外搬进温暖的室内。这个故事将会引发一场关于"暖"和"冷"的大讨论，因为这两个词在常人眼里与在物理学家眼里含义不尽相同。该故事还能引出下述问题：木柴由大气中的碳和太阳的能量生成；木柴有可能"产生"热量，或者就本案例而言，木柴有可能吸收热量。该故事也会激发学生的探究热情，促使他们研究热量的性质、温度以及热量如何在物质之间传递等问题。

相关概念

- 热力学
- 温度
- 能量转移
- 比热
- 能量
- 冷却和加热
- 热量

不要惊讶

孩子们对热量和温度可能存在很多误解。他们以为这两个概念是一回事。既然他们误认为羊毛手套含有热量，难道不会对木柴产生同样的误解吗？[参见我与同事布鲁斯·沃森合著的一篇文章，发表于《卡潘》(*Phi Delta Kappa*，1990)杂志。该文可以在网上找到]孩子们对木柴的了解途径主要来自于观察木柴的燃烧，但是他们的认识局限于木柴是热量的来源，而不是能够使房间冷却的东西。然而，一大堆处于低温状态的木柴就会变成"散热片"，在较为温暖的环境中跟其他低温物体一样吸收热能。常人使用的通俗语言往往会让孩子们把“冷”误以为是实实在在的东西，而不明白那是因为“缺乏”热能。根据我们的经验，全班同学听了这个故事后将会展开一场别开生面的讨论。

内容背景

故事中，两个孩子愉快地坐在温暖的房间里，并不明白室内环境变暖的原因。火炉中燃烧的木柴向寒冷的室内不断“辐射”热量，对孩子们而言，房间非常舒适惬意。当燃烧的木柴加热铁炉时，铁炉发出的红外线不仅直接辐射到炉子近旁的孩子们，还辐射到室内的空气分子中。随着空气分子温度不断升高，分子之间的空间开始膨胀，并上升到天花板。这些热空气分子被下沉的冷空气分子取代，冷空气分子又被炉火辐射加热。这样，空气在整个室内循环流动，从地板到天花板，再从天花板到地板，在室内创造出温度分布均匀的空气环境，被称为“对流圈”。

接下来，孩子们从冰冷的室外搬进来一大堆木柴，这些木柴跟室外空气的温度一样低，引起室内情况发生变化，变得跟室外一样冷。热力学定律提到，“热能”从热的地方向冷的地方流动。尽管炉子在尽力保持室内温度恒定，但是房间内的大量热量都被转移给冰冷的木柴，从而引起温度下降，甚至产生麦迪所说的冷空气。最后，随着木柴和室内空气的温度达到平衡，由于这两者之间已无温差，热量的流动只是为了维持这种平衡，房间又暖和起来。这种热量流动在整个房间内持续进行，因为室内所有物体都必须达到并保持相同的温度。事实上，“热”被定义为能量从较热物体向较冷物体的流动过程。

在你与班级同学讨论上述内容之前，我建议你读一读物理学书籍关于能量转移这一部分内容。黑曾和特利菲尔合著的《科学问题》(1991)是一部优秀著作，尤其是第二章关于能量的内容。书中的解释简明实用，可以让你充分了解本章用到的科学概念。

基本上，在日常生活中有三个词经常被人用错：“热能”“温度”和“热量”。“热能”是指由于构成物质的分子运动与碰撞而产生的“动能”总和。“温度”是指物质中的平均动能，用一种被称为温度计的仪器进行测量，温度计有三种刻度：华氏温度、摄氏温度或开氏温度(均以其发明者的名字命名)。每种温度计都有自身的价值和用途，但这是题外话。而“热量”，如前所述，是指能量从较热物体向较冷物体的流动过程。

下面我们谈谈温度和热能。假设有一锅开水，如果你想测量水温，只能把温度计放在某一个位置，测出的只是那个具体位置的分子热能。你可以认为，在对流的作用下，整个锅里水的动能都是相同的。因此，无论你把温度计放在水里哪个位置，测出的结果都基本相同。这就是水的"温度"。

然而，这样测量的并不是整锅水的"热能"总量，而只是在某一位置撞击温度计的水分子的平均动能。一滴水与整锅水的温度完全相同，但是，把整锅水倒在你手上与把一滴水滴在你手上，其结果大相径庭。换句话说，两种方法转移到你手上的"热能"总量相差甚远。尽管没有人愿意拿自己的手亲自去试验，但是这个例子却能充分说明温度和热能的区别。

回到故事里的温暖房间以及添加冰冷木柴这个话题，我们会发现，让孩子们感觉舒适的室内"热能"并没有违背热力学定律。木柴和周围空气的"温度"差异使得"热量"从空气向木柴转移，直到它们的温度相同。一旦两者温度达到平衡，热量的流动只限于维持这种平衡。这种情形大体上是恒定的，而人类的感官能力有限，无法明显感觉出温度差异。最终，除了产生热量的炉火和人以外，室内的一切东西都会保持相同的温度。

我们可以看出，任何冷的物质(不论它是什么材质)被放入较温暖的环境，都会产生麦迪和贾斯汀所感受到的那种冷却效应。某些物质吸收或散发热能的速度的确不同，例如，与其他很多物质相比，水升温需要吸收更多能量、花费时间更长，同理，水散发能量的速度也比较慢。然而，金属则截然相反，大多数金属升温所需要的能量较少，金属吸收和释放热量比水或木头(就本故事而言)都要快。因此，如果你触摸温度相同的木头和金属物体，就会感觉金属物体比较凉，因为金属从你手上吸收热量的速度比木头快，因而你感觉比较凉。你或许已经注意到，把盛满水的金属锅放在炉子上加热时，水还没热的时候锅就已经烫手。

《国家科学教育标准》(国家研究委员会，1996)的相关内容

幼儿园—4 年级：物体和物质的属性

• 物体具有很多可见的属性，包括尺寸、重量、形状、颜色、温度以及与其他物质产生反应的能力。我们可以利用直尺、天平或温度计等工具对这些属性进行

测量。

• 物体是由一种或多种物质构成，如纸张、木材或金属等。

• 我们可以借助构成某物体的物质属性对其进行描述，也可以利用这些属性对一组物体或物质进行区分或归类。

幼儿园—4 年级：光、热、电和磁

• 热的产生有多种方式，例如燃烧、摩擦或两种物质的混合等。热可以从一个物体转移到另一个物体。

5—8 年级：能量转移

• 能量是很多物质的属性之一，与热、光、电、机械运动、声音、核能或化学变化的性质有关。能量转移有多种方式。

• 热量转移具有可预见性，总是从较热物体向较冷物体转移，直到两者达到相同的温度。

《科学素养基准》(美国科学发展协会，1993)的相关内容

幼儿园—2 年级：能量转化

• 太阳给大地、空气和水带来温暖。

3—5 年级：能量转化

• 把较热物体和较冷物体放在一起，前者失去热量，后者吸收热量，直到两者达到相同的温度。较热物体可以通过直接接触或相隔一定距离使较冷物体变暖。

• 有些物质的导热性能比其他物质好。不良导体能减少热量损失。

6—8 年级：能量转化

• 热量可以通过原子碰撞在物质之间转移，或者通过辐射在空间中传播。如果是液态物质，其内部会产生对流，有助于热量转移。

• 能量以不同形式存在。热能是分子的不规则运动。

在幼儿园—4 年级中使用这个故事

你也许会问,为什么把这个故事放在本丛书的“地球与空间”部分,而其中的概念放在“物理科学”部分似乎更合适?我的观点是,地球科学与其他一切科学都存在直接关系,无论探讨哪种形式的能量,都适用于地球科学。这个故事讲的是空气的能量,其中的概念涉及能量转化和能量转移,这正是地球科学一个重要的概念范畴。

尤其在低年级,由于能量的概念在《标准》或《基准》中没有专门提及,所以关于能量的教学可能会有难度。然而,无论是在家里还是在其他地方,每个孩子都对高温或低温有过切身体验。即使在这个早期阶段,我们也能够教会孩子们意识到热量的存在,知道热量从一个物体流失会导致温度降低,“寒冷”进入一个物体也会产生同样的结果。

帮助幼儿园—2 年级学生熟练使用温度计测量物质发生的变化,是一项很有意义的教学目标。跟踪记录室外和室内温度以及做好天气日志,也是把科学和沟通技能联系起来的有效方法。尽早开始这类学习非常重要。学生应当有机会把图形和文字结合起来,而把观察结果记录下来时可以采用图形或文字,也可以二者兼有。学生可以通过绘制温度计的方式记录温度变化,哪怕他们尚不能读出温度计上的刻度或理解其含义。我曾经教孩子们成功使用棱长为 1 厘米的立方体代表温度变化,这样,他们就能够把立方体堆放成高度不同的柱体进行比较。当然,这是一种定性比较方法,但是对低年级孩子而言往往是最佳的方法。

3 年级和 4 年级孩子在使用温度计方面通常不存在任何问题,他们能够很容易再现故事中的情景。我建议你使用一个大的泡沫塑料箱子,里面能够容纳两到三根木头。你可以把木头放在冰箱里冷却,或者,如果你当地的环境温度足够低,放在室外也可以。最好的测量工具是一支室内外双显温度计。把测量室外温度的探头放入箱子,这样室内温度(也就是放入木头之前的温度)和箱子内的温度变化都能够被记录下来。你可以让学生做出预测,让他们把假设填入“我们的最佳思维榜”或者记入科学笔记本,以备将来查阅。

如果你利用“我们的最佳思维榜”,让学生把他们对这个实验的想法记录其中,那么你不妨把它们改成问句形式。这些问句可能包括:

- 放入木头之后，箱子里的温度是否会发生变化？
- 需要多长时间温度才能停止变化？
- 木头数量的多少如何影响温度高低以及变化时间？
- 如果去掉箱子盖，温度是否会发生变化？
- 如果去掉箱子盖，需要多长时间温度才停止变化？
- 如果放入其他物质，情况是否会有不同，有什么不同？
- 物质数量的多少是否会对实验结果造成不同影响？

随着实验继续进行，也许还会出现其他问题，因此，你应当做好准备及时对课程进行适当调整。毕竟，这就是探究的过程。

在 5—8 年级中使用这个故事

学生们可能会提议模拟故事中贾斯汀和麦迪所处的环境，以验证故事的真实性。如果他们没有主动提出，你也可以建议他们采用塑料泡沫箱子。这也许会引出绝缘和绝缘物质的概念。故事里两个孩子所处的室内与室外是绝缘的，因为这是美国大多数州的建筑规范，同时也是为了节约供暖费用。孩子们可以借此机会讨论，为什么我们的住宅有隔热层阻止热量流入室内或流出室外。

我建议你让孩子们把关于实验的推测填入“我们的最佳思维榜”，把表格保存下来，并把其中的陈述句改成问句。这些问句可能与上述 3—4 年级部分的问题类似，但是可能还包括其他问题，例如放入其他物质、保持各种变量的一致性、控制不同物质存在的差异等。关于实验设计的讨论也许会很热烈，因为很难找到属性完全相同的物质来进行比较。他们应该验证关于不同属性物质可能引起温度发生不同程度变化的假设。

再次重申，实验涉及的探究方法是我们的教学目标。设计和开展实验(包括分析数据和得出结论)能够给孩子们创造机会参与到真正的科学活动之中。请记住，这个故事的目的是诱导孩子们把自己对热和温度的错误观念和盘托出，并鼓励他们通过亲身实验予以纠正。在探讨了箱子里空气的热力学知识之后，他们将能够毫不费力地把麦迪和贾斯汀这个故事补充完整。

相关书籍和美国科学教师协会期刊文章

Damonte, K. 2005. Heating up and cooling down. *Science and Children* 42 (8): 47 - 48.

Driver, R, A. Squires, P. Rushworth, and V. Wood-Robinson. 1994. *Making sense of secondary science: Research into children's ideas*. London and New York: Routledge-Falmer.

Keeley, P. 2005. *Science curriculum topic study: Bridging the gap between standards and practice*. Thousand Oaks, CA: Corwin Press.

Keeley, P., F. Eberle, and C. Dorsey. 2008. *Uncovering student ideas in science: Another 25 formative assessment probes*, volume 3. Arlington, VA: NSTA Press.

Keeley, P., F. Eberle, and L. Farrin. 2005. *Uncovering student ideas in science: 25 formative assessment probes*, volume 1. Arlington, VA: NSTA Press.

Keeley, P., F. Eberle, and J. Tugel. 2007. *Uncovering student ideas in science: 25 More formative assessment probes*, volume 2. Arlington, VA: NSTA Press.

May, K., and M. Kurbin. 2003. To heat or not to heat. *Science Scope* 26 (5): 38.

参考文献

American Association for the Advancement of Science (AAAS). 1993. *Benchmarks for science literacy*: New York: Oxford University Press.

Hazen, R., and J. Trefil. 1991. *Science matters: Achieving scientific literacy*. New York: Anchor Books.

National Research Council (NRC). 1996. *National science education standards*. Washington, DC: National Academies Press.

Watson, B., and R. Konicek. 1990. Teaching for conceptual change: Confronting children's experience. *Phi Delta Kappan* 71 (9): 680 - 685.

第十一章
冷静点，伙计！

罗莎和保拉来到她们最爱的三明治店，点了三明治和冷饮。罗莎往杯子里加了碎冰之后，便向她的朋友、店员约翰抱怨。罗莎说："你们为什么只给饮料里加碎冰而不是加冰块？碎冰融化得太快了，我们喝的饮料都是被冰水稀释过的，而不是原汁原味的。"

约翰的眼珠子转了转，如果每次回答这个问题都能挣 25 美分的话，那么他就可以辞职不干了。

“老板说，碎冰使饮料冷却得更快。”约翰咕哝说。

“说什么呢，你小子？”罗莎戏弄道。

“我说，”约翰一字一句大声说道，“老板说，碎冰使饮料冷却的速度比冰块快。”

“真是那样的吗？”罗莎问道，“听起来有点怪。无论是冰块还是碎冰，冰就是冰，跟冰的大小有什么关系？”

保拉插了一句：“嗯，我认为碎冰融化得更快，却也让饮料稀释得更快。”

“是啊。不过，人们吃三明治的时候，饮料喝得也快。所以，喝完一杯饮料用不了多长时间，”约翰答道，“他们只想让饮料快点变冷。”

“我不大相信碎冰能让饮料冷得快的说法。你们想不想给我证明一下？”保拉说。

“我不需要证明，”约翰说，“我只是在这里工作。你们自己想办法吧。”

“我们会的，”罗莎说，“我们一到家就开始。”

“还有一点，你们为什么要用碎冰呢？是不是因为碎冰占的空间大，这样饮料就变少了？”

约翰可不能放过这个问题：“没有差别，碎冰和冰块所占空间是一样大的。”

“等一下，”罗莎说，“你的意思是说，如果我把一整块冰弄碎，碎冰跟冰块所占的空间大小是一样的？”

“我想是的，至少老板这么说，”约翰说，“实际上，如果你仔细想想，老板的话其实没有道理，冰块被弄碎后好像*确实*变多了。”

三个人面面相觑。过了一会儿，保拉说：“碎冰占的空间肯定更大，因为碎冰数量比冰块多。”

约翰想了想，说道：“冰块还是那个冰块，只是被弄成了很多碎块。我们并没有添加任何东西。”

“对啊，可是每小块碎冰都占据一定的空间，而装到杯子里的碎冰块数量增多了。”罗莎反驳道。

“那么，现在看来，你们需要证明的似乎变成了两件事，”约翰边擦柜台边说，“到时候别忘了通知我，好让我告诉老板，他非炒我鱿鱼不可。”他咧着嘴笑道。

目的

这里涉及两个概念:质量守恒以及物体表面积大小对吸收热量的影响。你也许不明白这则故事为什么被放在地球系统科学领域,因为它不仅与热力学和质量守恒有关,而且与水(水可以说是地球上最重要的物质)有关。你也许认为这则故事更像是物理学的故事,但是我认为,地球科学所囊括的科学门类比其他任何一门科学都要多,因为地球科学研究的是人类所生活的这个包罗万象的世界,它需要用到其他领域的诸多概念。我还认为,我们的学科分类太过细碎,以至于学生们往往看不到这些学科之间的紧密联系。不管怎样,在自家厨房找到问题的答案对罗莎和保拉而言应该不是难事,你的学生肯定也行。

相关概念

- 质量守恒
- 吸热能力和表面积
- 水
- 排水量
- 状态变化
- 固体和液体

不要惊讶

使用这个故事教学之前你也许需要考虑几个问题,因为学生可能已经对这些问题形成了错误认识。年幼的孩子也许认为一个东西被弄碎以后就会变得更多,等到年龄稍微大一点之后,往往都能够意识到这种想法的错误之处,但是,帮助他们弄明白物质在形状发生变化或被打碎以后其质量不会改变,这一做法并不是在浪费时间。

另一个认识误区一直到成年都可能存在,无论从字面意义还是从科学意义而言都是如此。很多人认为,冰块中的"冷气"转移到了饮料里,从而使饮料变凉。这与"热能从较热物体向较冷物体转移"的科学观点相悖。事实上,热的定义是指能量从较热物体向较冷物体转移。你可以建议学生把热能想象成一个散发热量的人,把寒冷看作是一个需要热量的人。把热能向外传递的是"热"而不是"冷"。相关内容将在“内容背景”部分予以详细介绍。如果学生想要弄懂这个故事以及冰使饮料冷却的原理，这一点至关重要。

内容背景

你是否见过，孩子们把饼干掰碎以后以为能够吃到的分量更多了？他们也许一直会这样做，直到他们的思维发展经过皮亚杰所谓的“前运算阶段”之后才会明白：如果饼干没有添加或减少，无论是整块还是碎片，总量其实是一样的。如果要像故事中那样比较一整块冰的重量和碎冰的重量，那么这一点显得非常重要。如果你的学生拿两个相同的冰块，把其中一块碾碎，另一块保持完好无损，则二者重量相等。他们可以用天平来验证冰块与碎冰的重量是否相等，也可以在两者融化后称量水的重量是否相等。当然，学生们首先需要确保两个冰块的重量、大小一致。

但是，如果学生想知道一杯碎冰和一杯冰块的重量是否相同，则完全是另一回事。我们应当这样考虑：冰块颗粒较大，所以冰块之间存在的空隙较大；而碎冰颗粒较小，所以碎冰之间的空隙较小。从逻辑上讲，如果杯子大小一样，那么杯子装下的碎冰肯定比冰块多。证明方法就是，在同等大小的两只杯子里分别装入碎冰和冰块，待它们融化后，你会发现碎冰杯子里的水量比冰块杯子多。因此，如果你制作一杯饮料，然后向杯子里添加碎冰，那么留给饮料的空间就会少于添加冰块的杯子。

那么，问题现在演变成：杯子里应当放入多少碎冰才能不辜负你购买的饮料价格？这取决于你希望饮料冷却速度以及你喝饮料速度的快慢。没有现成的公式可用，因为碎冰机各不相同，所以制出的碎冰大小也不一样。最好的办法是，既然冰是免费的，而饮料不免费，如果碎冰不够，你就可以在自动售货机那里免费添加。如果你只放少量碎冰，饮料过了几分钟还不是很凉，那么你完全可以再多添点冰。

现在，我们来谈谈故事中的另一个问题：碎冰使饮料冷却的速度更快吗？热量转移发生在较冷物体的表面。假设我们有一个棱长为 3 cm 的冰块，因为冰块有六个面，那么接触饮料的表面积为 54 cm^2（3×3×6），如果把它切成棱长为 1 cm 的小块，就有 27 个立方体，每个面的面积为 1 cm^2。请注意，冰块的重量没有发生变化，只是变成了更多的小块，所以接触饮料的表面积变得更大，为 162 cm^2（27×6×1），是大冰块的三倍。毫无疑问，与饮料接触的表面积越大，热量被冰吸收的速度就越快。然而，饮料冷却的速度越快，冰融化的速度也越快，正如罗莎抱怨的那样：饮料被稀释了。真是令人左右为难！关于物体表面积增加的数学知识，可以参考加拿大阿尔伯塔省沃斯利学校（Worsley School）以及该校的网站，它们为各学科教师提供了各种各样的奇思妙想。请注意，碎冰机虽然不能制出完美的立方体碎冰块，但是那些碎冰的表面积确实有所增加，能够从饮料吸收更多热量。

热量和温度是两个完全不同的概念。热量一般指物质所含能量的多少，日常生活中测量热量的工具是温度计，用以测量一个物体或人体所含的热量平均数量。温度是一个人为确立的概念，例如华氏、摄氏或开氏温度。

每种物质都含有热量，除非它奇迹般地达到绝对零度，而这个温度即使在实验室也几乎不可能实现。当一个物体不能被提取出任何热量时，我们就说它达到了绝对零度。物体越大，含有的热量越多。同等大小的两个冰块所含热量是一个冰块的两倍。一个似乎令人迷惑不解的问题是，一个游泳池中 3 摄氏度几乎要结冰的水含有的热量却比一杯 100 摄氏度的水含有的热量多，其实，这是因为游泳池比杯子的水多得多，任何物体的势能和动能大小都与物体体积有直接关系。

热能是由物体中的原子运动产生。原子运动越剧烈，产生的热能越多；原子运动越缓和，产生的热能越少。因此，如果你加热或冷却某个物体，就等于改变它的原子运动水平。还有，热能可以从一种物体转移给另一种物体。通过给物体添加能量，它含有的热量升高。太阳、电、火炉或附近的高能量源等散发热量的物体可以把能量传递给接收热量的物体。本质上，这就是热力学的第一定律。

从较热物体到较冷物体的热传递方式有三种：传导、辐射和对流。如果你把勺子放进一杯热水中，摸一下勺子，就能感受到“传导”的结果。热能通过原子的撞击从水传导至勺子，再传导至你的手。如果你站立在火堆、电暖气或电灯旁边，就会感受到辐射的热能。热能以红外线能量（光谱的一部分）的形式散发，刺激你身体的热传感器，让你感到热的存在。就对流而言，液体或气体中的原子形成一股上升或下降的原子流，最终使整个液体或气体达到相同的温度。关于传导的一个有趣现象是，某些物质的热传导能力较强。例如，如果你触碰某种金属，就会感觉它比室内其他物体凉，这是因为你身体的热量传导至金属的速度较快，所以感觉比较凉。如果该金属已经在室内放置了很久，那么它和室内其他物体的温度其实是一样的，你的身体使你误以为金属较冷，而实际并非如此。

很多学生都存在一种误解，认为“冷”是一种能够从一个地方转移到另一个地方的能量。他们甚至认为，冰里面有无尽的“冷”能够转移到饮料中使之降温，直到冰完全融化为止。在他们看来，冰里的“冷”散发到饮料中，直到冰被用尽为止。照这样看，饮料完全有可能比冰本身的温度要低。我们知道这种想法是错误的，实际情况是，饮料的热量引起冰块融化，而不是冰给饮料降温。

这种现象可以用温度计和一杯冰水加以验证。饮料的热量使得冰里的原子能量增加，冰由固态变为液态，最终冰和饮料的温度达到平衡。一旦达到平衡，温度就不再下降，因为不再有任何能量流动。

碎冰由于表面积较大，热传递的速度变得较快，但是一旦达到平衡，饮料也不会变得更冷。大冰块被碾碎后表面积增加，所以热传递的速度比整个冰块更快。

你的学生可能会对这个话题争论不休，在此过程中，他们将会用到水在不同状态下的属性以及热力学定律，而我们日常生活中随处可见的冷饮自动售货机就涉及这些知识。

《国家科学教育标准》(国家研究委员会，1996)的相关内容

幼儿园—4 年级：物体和物质的属性

• 物质以不同形态存在——固态、液态和气态。加热或冷却可以使一些常见物质从一种形态变为另一种形态，例如水。

幼儿园—4 年级：光、热、电和磁

• 热的产生有多种方式，例如燃烧、摩擦或两种物质的混合等。热可以从一个物体转移到另一个物体。

5—8 年级：能量转移

• 能量是很多物质的属性之一，与热、光、电、机械运动、声音、核能或化学变化的性质有关。能量转移有多种方式。

• 热量转移具有可预见性，总是从较热物体向较冷物体转移，直到两者达到相同的温度。

《科学素养基准》(美国科学发展协会,1993)的相关内容

幼儿园—2 年级:物质结构

• 加热和冷却能够引起物质属性发生变化。温度越高,很多变化速度越快。

3—5 年级:能量转化

• 把较热物体和较冷物体放在一起,前者失去热量,后者吸收热量,直到两者达到相同的温度。较热物体可以通过直接接触或相隔一定距离使较冷物体变暖。

• 有些物质的导热性能比其他物质好。不良导体能减少热量损失。

6—8 年级:能量转化

• 热量可以通过原子碰撞在物质之间转移,或者通过辐射在空间中传播。如果是液态物质,其内部会产生对流,有助于热量转移。

• 能量以不同形式存在。热能是分子的不规则运动。

在幼儿园—4 年级中使用这个故事

如果把故事中的人物改成学生及其父母能让低年级学生更容易理解,你无须改变核心内容即可轻易做到这一点。这个故事契合了本书的基本理念,即关注日常生活中经常被人忽视的一些事情,而它们背后却隐含着很多重要的科学知识。

如果你想了解学生关于此话题的想法,可以参考《了解学生的科学想法》(1、2册)(Keeley, Eberle and Farrin,2005;Keeley,Eberle and Tugel,2007)中的一两个探究案例,例如第一册中的"袋子里的冰块"和第二册中"冰冷的柠檬汁"。在"袋子里的冰块"中,学生被要求判断冰融化以后其质量是增加还是减少了。在"冰冷的柠檬汁"中,学生被问及他们对于"冷"和"热"的想法。两个案例都将会引发学生讨论,你可以从中判断他们是否为讨论做好了充分准备。关于"袋子里的冰块",你最好用一个袋子装上冰块,然后把冰袋放到秤上,观察秤在冰融化过程中有没有发生任何变化。当然不会有任何变化。如果学生不相信,你还可以用其他几种方法来验证这个结果。他们也许想要使用更多冰块,或者想要重做这个实验。

“冰冷的柠檬汁”对于低年级孩子而言可能难以理解，因为它要求学生区分热和冷，而冷和热其实是一个整体不可分割的两部分。我们经常让别人把门关上，目的是“把寒冷关在门外”，而实际上我们应该说“把热量关在门内”。这就是语言不严谨给人们造成认知错误的一个例子。对孩子们而言，这只是一个语言问题，但对科学家而言，这是不可违背的热力学第一定律。“热能从高温物体向低温物体转移”，理解这一点至关重要，因为它是理解诸多与能量转移相关概念的基础。然而，对低年级孩子而言，只开展故事中的实验就足够了，不必尝试让他们形成科学概念，实验本身就能够为他们今后理解能量转移奠定坚实的基础。

三、四年级学生已经完全能够读懂温度计，并就故事中提出的问题开展“公平”实验。值得强调的是，我们需要提醒这个年龄段的学生如何进行“公平”实验。每次做新实验之前，我们都应当提醒他们考虑各种变量以及如何控制变量。我们应当时刻提醒这个年龄段的学生，除了需要求证的变量之外，其他所有变量都应当保持一致。就在不久前，我有机会采访一名十岁的学生，问她什么是“公平”实验。尽管老师在她刚刚做过的实验中曾经提醒她注意变量和公平问题，她的回答依然是，“公平”实验就是能让她得到预期结果的实验。有些孩子在玩游戏时能够立刻指出游戏中有哪些东西不公平，却不能把这一概念应用到实验之中，哪怕那些实验跟游戏存在共通之处，这让我感到不可思议。我们有责任时刻提醒孩子们在做研究时必须注意这一点，尽管这种做法显得啰里啰唆、毫无意义。

由于大多数三、四年级学生都有使用自动售货机的经验，他们完全有能力自己去求证故事中提出的问题。很多学生肯定会对碎冰和冰块给饮料降温时间存在巨大差别感到吃惊，同样会对杯子中装入的碎冰比冰块多感到吃惊。你可以借机添加一个嵌入式评估，问问他们下次去三明治店打算买什么样的冷饮。学生可以把这件事当成一个趣闻写进科学笔记本，而你也可以借此了解他们如何应用自己所学到的新知识。

我曾经在这个年级层次举办过一次冰块融化比赛，大获成功。我给每个学生各发一个冰块，他们可以采用任何方法让冰块尽快融化，但是身体的任何部位都不能与冰块接触。比赛结束后，他们往往会解释说，他们需要把“热”放到冰块里去融化它。这说明他们已经开始明白，热量增加会使冰的状态发生变化。我甚至不用教他们如何区分温度和热量的概念，这个知识点还是留给高年级的学生吧。

在5—8年级中使用这个故事

由于高年级学生已经广泛拥有使用自动售货机的经验，这则故事肯定会在他们中间引发各种各样的观点。你可以让学生把自己想象成顾客，在购买冷饮时应该怎么办。如果你有一台搅拌机能够现场供应碎冰，那么你和学生可以尽情设想出各种情境来让你们花钱买到的冷饮物有所值，并乐在其中。你还应当准备足够的温度计和杯子。我们发现，“微观”方法最经济实用，因为使用小杯和使用大杯得到的结果是一样的，而且可以节约碎冰用量。如果可能的话，尽量使用隔热杯，这样学生在操作过程中不会影响实验结果。最好一开始就把故事中的两个问题分开，让学生就这两个问题分别提出假设，再设计实验来验证。别忘了让学生根据自己以往的经验或科学知识来阐述他们提出假设的理由。你应当要求他们每次都把这类内容记录在科学笔记本上，定期进行检查。

既然《国家科学教育标准》认为，让学生真正理解温度和热量的区别是浪费时间与精力，那么我建议你在这方面可以一笔带过，除非你当地的教学标准对此另有要求。应该多花点时间让学生学会绘制数据图表，根据数据得出结论，并把结论应用到现实生活中。先向杯子倒饮料，然后加入碎冰，直至达到理想的温度，这样做是否更为合理？这种办法会带来哪些问题？先向杯子加一些碎冰，看看饮料是否冷却到一定温度，然后再继续加入一些碎冰？这种方法又会带来什么问题？如果你有数显温度计以及一套可以收集并处理数据的计算机程序，那么学生就可以在课堂发言中展示更多数据。

我发现，如果各小组构想不同的实验方法，把实验方案拿出来在全班同学面前共同讨论，这样每个人都能在某种程度上从各种方案中受益。经过整个科研团队互通有无、达成共识后，各小组可以取长补短，开展实验研究。这种做法有助于学生共享研究数据和结论。你也可以借此机会对学生进行形成性评价。当然，这需要花更多时间，但对于整个实验小组的知识建构是值得的。

探究过程中出现意见分歧在所难免，实际上，我们应当鼓励这种现象存在，因为学生正是在辩论过程中才能够加深对主要概念的理解。我们应当鼓励学生积极参加各种建设性的辩论活动，因为这是科学团队达成共识的必由之路。我们应当以此为契机让学生明白，科学是建立在证据之上的，而不是建立在观念之上。

请参阅沃森和科尼赛克合著的文章“教会学生转变观念”(1990)。该文记录了一位小学教师的教学过程,她的学生认为手套或其他羊毛织物能够产生热量。该文穿插描述了探究教学理念以及那位教师的具体做法,她让学生带着问题每天进行实验研究,以此推翻他们的错误观念。

相关书籍和美国科学教师协会期刊文章

Ashbrook, P. 2006. The matter of melting. *Science and Children* 43 (4): 19 - 21.

Damonte, K. 2005. Heating up and cooling down. *Science and Children* 42 (8):47 - 48.

Driver, R., A. Squires, P. Rushworth, and V. Wood-Robinson, 1994. *Making sense of secondary science: Research into children's ideas*. London and New York: Routledge Falmer.

Keeley, P., F. Eberle, and L. Farrin. 2005. *Uncovering student ideas in science: 25 formative assessment probes*, volume 1. Arlington, VA: NSTA Press.

Keeley, P., F. Eberle, and J. Tugel. 2007. *Uncovering student ideas in science: 25 more formative assessment probes*, volume 2. Arlington, VA: NSTA Press.

Line, L., and E. Christmann, 2004. A different phase change. *Science Scope* 28 (3): 52 - 53.

May, K., and M. Kurbin. 2003. To heat or not to heat. *Science Scope* 26 (5): 38.

Pusvis, D. 2006. Fun with phase changes. *Science and Children* 29 (5): 23 - 25.

Robertson, W. 2002. *Energy: Stop faking it! Finally understanding science so you can teach it*. Arlington, VA: NSTA Press.

参考文献

American Association for the Advancement of Science (AAAS). 1993. *Benchmarks for science literacy*. New York: Oxford University Press.

Hazen, R., and J. Trefil. 1991. *Science matters*. New York: Anchor Books.

Keeley, P., F. Eberle, and L. Farrin. 2005. *Uncovering student ideas in science: 25 formative assessment probes*, volume 1. Arlington, VA: NSTA Press.

Keeley, P.,F. Eberle, and J. Tugel. 2007. *Uncovering student ideas in science:25 more formative assessment probes*, volume 2. Arlington, VA: NSTA Press.

National Research Council (NRC). 1996. National science education standards. Washington, DC: National Academies Press.

Watson, B., and R. Konicek. 1990. Teaching for conceptual change: Confronting children's experience. *Phi Delta Kappan* 71 (9): 680 - 685.

Worsley School. Science and mathematics, *www. worsleyschool, net/science/sciencepg. html*.

第十二章
新建的温室

埃迪和克里的母亲是一位园艺大师。她负责照料别人家的花园，还通过播种或插枝方式培育植物，等它们长大后再销售给顾客。今年，她在院子里新建了一栋房子来扩大生意，这栋房子被称为太阳能温室，大约 8 英尺（1 英尺约等于 0.3 米）宽、10 英尺长、10 英尺高。温室看上去就像一栋普通的砖瓦房，只是墙壁和房顶都是玻璃，房子有一扇门，房顶的两扇窗户可以开合。建造这栋房子花了大量时间和人力，但是竣工以后看上去棒极了。温室里安装了水管和电源插座。为方便妈妈给花草浇水，埃迪和克里的爸爸还搭建了一些带有滤网的台板，因为水可以透过滤网渗到地上的泥沙中。

今年早春时节，他们的妈妈在一些小浅盆里播撒了大量种子，然后放置在温室里。她以前从来没有用过温室，这方面需要学习的东西还很多。她知道，哪怕室外很冷，阳光也会透过玻璃窗照进来给室内增温。不知什么原因，透过玻璃进来的太阳热量会驻留在室内，却不会散失。窗户是密封的，门也是紧闭的，明媚的阳光照耀着温室。春季有一段时间天气异常炎热，由于温室内温度太高，妈妈不得不把门窗打开，以免幼苗被高温灼伤。她还在玻璃门上安装一台风扇从室外抽入一些冷空气，把室内温度维持在一个合理的水平。

然而，晚上和夜间的情况却完全不一样。随着太阳落山、气温降低，温室内的温度比室外高不了几度。新英格兰[①]的早春气温接近或达到冰点。那些幼苗有麻烦了。

"如何才能让室内气温维持在一个适合植物生长的水平？我真不知道该怎么办。"妈妈说。

"干吗不上网查查温室管理方面的资料？"克里说。

妈妈正是这样做的。她发现，自家温室是那种所谓的被动式太阳能温室，或者说是极度依赖太阳能的温室。商用温室则配备加热器、喷头、自动通风口以及各种昂贵的设备，她实在负担不起。有一篇文章建议在温室中放置大石块以吸收白天多余的热量，晚上再把热量散发出来。

"我上哪儿去找大石块，即使能找到，哪有地方放，连种花草的地方都没有了。"

"也许我们可以用其他东西来收集热量，"埃迪说，"我在书上读到过，不同物体吸收与散发热量的速度不同，可我不记得是哪些物体了。我还听说暗色物体吸热效果更好，不知道是不是真的。"

"我想我们可以弄一些东西来试试。我有几个水桶可以派上用场，也许行得通。"妈妈说。

"但水是冷的。我们需要用热水吗？"埃迪问。

"啊，我也搞不懂。但我知道，我们需要做很多实验和记录吧，大家准备好了吗？"妈妈说。

---

① 新英格兰：包括马萨诸塞州在内美国东北部六个州的总称。——译者注

目的

在经济生活中，人们近来对能源需求日益增加，却又面临石油危机和能源供应短缺问题，任何人只要去过加油站或收到电费账单，就会发现替代能源的重要性愈加明显。关心地球健康发展的人们都会注意到，地球能源储量与我们利用能源的方式存在严重矛盾，富国与穷国在能源分布与利用等方面存在巨大差异。低年级学生也许只是从成人那里听闻这些问题，而高年级孩子可能已经加入一些组织，把这些问题公之于众。无论是人们关注汽车型号与每英里油耗多少之间的关系，还是为了降低能源成本而减少出行次数，这些现象表明，男女老幼都已经意识到能源问题给日常生活造成的影响多么巨大。发展替代能源已经迫在眉睫，也可以使我们意识到地球的现有能源并非取之不尽、用之不竭。

这个故事的技术层面也相当重要，因为学生可以利用刚刚学到的能源供应与储备知识来开发更加高效节能的新产品，这恰恰是运用科学来解决现实生活问题的好机会。

相关概念

- 技术
- 可再生能源
- 能量转化
- 能量守恒
- 替代能源
- 太阳能
- 热力学

不要惊讶

你的学生也许不知道一年当中太阳光的照射角度是不同的。很多学生还以为夏季和冬季是由于地球距离太阳远近不同而造成的。他们没有意识到，正是由于太阳照射地球的角度不同才引起季节更替。白天阳光照射的角度和方向对太阳能温室也非常关键。很多学生也没有意识到，材料不同，对热量吸收与辐射的能力大相径庭。他们或许没有意识到，一幢透明建筑可以聚集大量的热能，晴天时候室内与室外的温差之大肯定会令他们惊叹。还有些学生可能会感到诧异，太阳能竟然可以被“储存”在水或石头之类的物质中。

内容背景

这则故事背后的科学基础是，人们如何利用太阳能，以及如何利用各种材料对太阳能进行引导并改变其形式，把其中的能量捕捉并储存起来。几乎每个人都有过这种经历：在封闭的室内，阳光透过窗户照进来之后室内温度会发生明显变化。太阳光由波长不同的光线组成，从不可见的红外线到可见光谱，再到不可见的紫外线等。这意味着光线所含的能量有高有低。科学家把这种现象称为“电磁辐射”。有时候这种辐射行为像波，有时候又像粒子。（量子力学试图把电磁辐射行为的两种解释统一起来，但这超出了本书讨论的范围。简单地说，科学家们一致认为，科学容许两种看似矛盾的解释共存，在一些情况下利用波动说解释较为合理，而在另一些情况下利用微粒说较为合理。）对太阳能而言，利用波动说予以解释更好。无线电波所含能量较低，伽马射线所含能量较高。介于这二者之间，按所含能量从低到高排列的光线依次是微波、红外线、可见光、紫外线和X射线。

阳光经由透明通道（窗户、透明或半透明塑料等）进入封闭空间时，也就进入了短波、高能状态。封闭空间内的物体如尘土、木头或水等都会吸收光线，然后光线被这些物体以低能波的形式再次辐射出去，而这些波的穿透力没有原先那些向室内入射的光波那样强。本质上，光线被“困”在封闭空间里，结果使得室内温度升高，这就是著名的“温室效应”。如果你打开车门，迈进一辆原先门窗紧闭、在烈日下暴晒的轿车，那么对温室效应肯定不会感到陌生。轿车外面也许很凉快，但是车内却热多了。

根据一些专家的说法，如果温室里每平方英尺放置两加仑水，可以确保室内温度比室外高30华氏度。石块、混凝土等体积大的物体吸热效果也很好，但是在同等重量情况下，盛满水的黑色密闭容器才是储存热的最佳设备，也是保持温室稳定的最佳途径。原因在于，水吸收热量的速度较慢，而释放热量的速度也慢。不同物质具有所谓的“比热”，表示它们吸收和释放热量的速度不同。金属升温只需要吸收较少的热量，释放热量的速度也很快。石块或混凝土升温则需要较多的热量，而水升温需要的热量最多。城市中的混凝土路面和建筑物使城市街道在晴天格外温暖，而海洋或湖泊对海边或湖畔居民区的温度则能起到调节作用。

经验告诉我们，被动式太阳能温室在天气晴朗时有必要通风，因为室内温度到了傍晚有可能超过100华氏度，令植物无法存活。因此，屋顶通风口能把室内温度过高的空气释放到室外温度较低的大气中，为了防止室内温度过高，利用风扇通风有时候也很有必要。

所有这一切都跟如今颇受关注的温室效应息息相关。很多科学家和气候学家认为，当今社会制造的“温室气体”数量超乎想象，实际上阻碍了这些热能像过去那样从地球排放出去，从而使大气温度不断升高。温室气体在大气中形成一道屏障，就像温室的玻璃墙或者汽车的玻璃窗一样，阻碍热量向外散发。于是地球平均温度不断上升，造成所谓的“全球变暖”现象。

通过这则故事，学生能够探讨太阳能的效用、能量吸收、各种物质的能耗、封闭系统内颜色深浅对热量吸收的影响等内容。

《国家科学教育标准》(国家研究委员会，1996)的相关内容

幼儿园—4年级：天空中的物体

• 太阳为地球提供必要的光和热，以保持地球温度稳定。

幼儿园—4年级：技术设计能力

• 在辨识问题时，学生应当学会用自己的语言来解释问题并明确具体任务和解决问题的办法。

幼儿园—4年级：技术设计能力

• 学生应当能够就建造某物或改善某物提出建议；他们应当能够把自己的想法描述出来并与他人沟通。学生应当意识到，设计方案时可能会受到诸多限制，如成本、材料、时间、空间或安全等。

5—8年级：能量转移

• 能量是很多物质的属性之一，与热、光、电、机械运动、声音、核能或化学变化的性质有关。能量转移有多种方式。

• 热量转移具有可预见性，总是从较热物体向较冷物体转移，直到两者达到相同的温度。

• 太阳是造成地球表面各种变化的主要能量来源。太阳通过发出光线来释放能量。太阳光的一小部分照射到地球，把能量从太阳转移到地球。到达地球的太阳光由一系列不同波长的光线组成，包括可见光、红外线和紫外线等。

5—8 年级：理解科学与技术

• 科学与技术相互促进。科学提出的问题促使各种仪器变得越来越精密，并为仪器改良和技术革新提供理论支持，从而促进技术的发展。技术则为调查、研究与分析提供工具。

《科学素养基准》（美国科学发展协会，1993）的相关内容

幼儿园—2 年级：设计和系统

• 人们能够利用实物和具体方法来解决问题。

幼儿园—2 年级：能量转化

• 太阳给大地、空气和水带来温暖。

3—5 年级：设计和系统

• 不存在完美的设计。从某个角度来看是最佳设计，换个角度也许大打折扣。为了凸显某些特征，往往需要舍弃另外一些特征。

3—5 年级：能量转化

• 发光的物质通常也散发热量。

• 有些材料导热性能比其他材料更好。不良导体可以减少热量损失。

6—8 年级：设计和系统

• 设计时通常需要考虑到各种局限性。某些局限是不可避免的，例如重力或使用的材料属性等。

6—8 年级:地球变化过程

• 人类活动,例如减少森林覆盖面积、增加排放到大气中化学物质的数量和种类、实行农业集约经营等,已经改变了地球的陆地、海洋和大气状况。某些变化已经造成环境退化,无法养活某些生物物种。

6—8 年级:能量转化

• 能量既不能凭空产生也不能被毁灭,只是从一种形式转化为另一种形式。

• 宇宙中发生的大多数事件,从恒星爆炸、万物生长、机器运转到人类自身活动,都涉及能量由某种形式转化成另一种形式。热能几乎总是能量转化的产物之一。

• 能量以不同形式存在。热能是分子的不规则运动。

在幼儿园—4 年级使用这个故事

感谢佩吉·阿什布鲁克(Peggy Ashbrook,2007),我建议,低年级学生开始探讨这个故事的问题之前,你先带领他们到户外去体验一下晴天的阳光,让他们谈谈自己对阳光的感受。你可以带他们到吸热性较强的柏油路面,再到反射性较好的地面,让他们感受两处温度的差别。你可以分别用白炽灯和阳光照射感光纸,把纸上留下的“印记”进行比较,这样能够让学生感受到太阳的巨大能量以及太阳对他们及其周围世界的巨大影响。你可以请学生讲一讲太阳能量是如何能够让温室气温升高的,由此把上述内容与这则故事联系起来。由于学生已经感受到太阳能量具有巨大的威力,他们完全有能力把两种情形联系起来,但是这个年龄段的孩子知识水平仅限于此。

如果是三、四年级的学生,我认为较好的做法是,你可以先让学生了解深色物体的吸热功能和浅色物体的反射功能,然后考虑是否给他们讲解温室效应,而温室效应是这则故事的科学基础。你可以把温度计分别放在深色物体和浅色物体的表面,然后比较两者的温度差异。你还可以问他们有没有注意到,晴天时衣着颜色深浅不同会使身体对冷热变化产生不同感受。这一现象肯定会引起他们热烈讨论下述问题:深色衣服吸收太阳能的数量有多少,浅色衣服反射太阳能的数量有多少?

然后，你还可以用温度计以及不同颜色的T恤衫或棒球帽来做实验。

一旦你确认学生已经意识到物体具有吸收和反射光线的属性，就可以让他们走进温室，他们会明白温室中土壤及其他物体能够吸收太阳能并保留在自身结构中。你可以组织学生到当地植物园进行实地考察。这个年龄段的孩子如果能够从技术层面把太阳能知识应用到温室之中，虽然会令人吃惊，但是完全有可能，尤其有些学生或高年级学生自己家里建有温室或者家人从事这方面的生意。请阅读下面关于5—8年级学生的部分，看一看你的学生们在某些复杂问题出现的时候是否具有调查研究能力。

我还建议你阅读达蒙特(Damonte)在《科学和儿童》杂志发表的一篇文章"加热和冷却"(2005)，该文值得借鉴，甚至在低年级教学中也可参考。

在5—8年级中使用这个故事

本故事给这个年龄段的学生留下大量科学与技术话题，供他们调查研究。格雷戈里·蔡尔兹(Gregory Childs)在《科学和儿童》杂志发表的文章"太阳能循环"(2007)中建议，在对温室进行研究之前，应当先检查一下学生是否知道浅色物体和深色物体在吸收和反射光线方面存在差异。他用纸张制作了一黑一白两栋房子，把它们放在太阳底下来比较两者的温度。纸房子没必要做成艺术品——简单的硬纸盒子就足够了。你可以把实验结果当成一个嵌入式形成性评估，以此了解学生对这一概念的认识程度。如果你对他们的实验结果感到满意的话，接下来可以学习故事中温室效应的相关内容。

该故事本身就暗示了不同材料吸收热量的能力不同。你可以根据学生知识水平和动手能力的不同，让他们使用纸板箱、塑料膜或更逼真的轻木制作温室，开展可控实验。很多学生制作的温室大小为12英寸×14英寸，顶部窗口利用胶带当作合页，方便通风，诸如此类。在这方面我经历过一次惨痛教训。我让班里学生在学校屋顶建造了一个巨大的塑料温室，一阵暴风袭来，它变成充满空气动力、断了线的风筝自由飘荡，最后落在了距离学校几个街区之外一户人家的后院里！所幸的是，并没有造成人员伤害或财物损失，那家主人也很友善、体谅。但是，这件事令我意识到温室尺寸、稳定性以及风力大小等因素都非常重要。因此，我建议你把温室做得小一些，便于携带，可以拿进室内或拿出室外，也可避免意外发生。

这里有几个需要测量的变量，例如：温室内深色物体与浅色物体的吸热效果；储存热量物体的材质差异；绝缘效果；以及最基本的，利用简单的温室效应来建立一套基础数据。你可以利用废弃的黑色胶片制成小桶，再配上盖子，当作盛水、石子、沙子或砾石的容器。请记住，我们这里谈的物体质量，在比较不同材质的时候，控制它们的质量非常重要。

在晴朗的日子，通常暴晒 20 分钟就足够了，每两分钟左右用温度计测量温度，这样就可以获得大量数据用来制作图表与分析。如果你有温度探测和制表程序，也可以加以利用。如果学生能找到数显温度计，读取数据将容易得多；如果没有，把普通温度计放在温室窗口附近，就可以不用打开温室也能读取数据。你还可以用不同颜色的材料制作温室地面，以此检验不同颜色在吸收热量和增加温度方面有什么不同。利用上述方法可以获得很多重要数据，效果非常好。在老师指导下，学生将能够把需要控制的重要变量一一列出，实验结果也会令他们在概念理解和技术应用方面受益匪浅。

当然，如果不讨论可替代能源，关于太阳能的任何方案都不是完整的。随着石油和天然气价格大幅波动，而且这些矿物燃料逐渐枯竭，太阳能将会成为重要的可替代能源。一些学校已经组织举办了模拟研讨会或市民大会来商讨这个问题。而课堂学习可以让学生敏锐地意识到该问题的严重性，因为它关乎每一个人的未来。

相关书籍和美国科学教师协会期刊文章

Ashbrook，P. 2007. The early years：The sun's energy. *Science and Children* 44 (7)：18 - 19.

Childs，G. 2007. *A solar energy cycle*. *Science and Children* 44 (7)：26 - 29.

Damonte，K. 2005. Heating up and cooling down. *Science and Children* 42 (8)：47 - 48.

Driver，R.，A. Squires，P. Rushworth，and V. Wood-Robinson. 1994. *Making sense of secondary science*：*Research into children's ideas*. London and New York：Routledge-Falmer.

Keeley，P. 2005. *Science curriculum topic study*：*Bridging the gap between standards and practice*. Thousand Oaks，CA：Corwin Press.

Keeley, P., F. Eberle, and C. Dorsey. 2008. *Uncovering student ideas in science: Another 25 formative assessment probes*, volume 3. Arlington, VA: NSTA Press.

Keeley, P., F. Eberle, and L. Farrin. 2005. *Uncovering student ideas in science: 25 formative assessment probes*, volume 1. Arlington, VA: NSTA Press.

Keeley, P., F. Eberle, and J. Tugel. 2007. *Uncovering student ideas in science: 25 more formative assessment probes*, volume 2. Arlington, VA: NSTA Press.

May, K., and M. Kurbin. 2003. To heat or not to heat. *Science Scope* 26 (5): 38.

参考文献

American Association for the Advancement of Science (AAAS). 1993. *Benchmarks for science literacy*. New York: Oxford University Press.

Ashbrook, P. 2007. The early years: The sun's energy. *Science and Children* 44 (7):18 – 19.

Childs, G. 2007. A solar energy cycle. *Science and Children* 44 (7): 26 – 29.

Damonte, K. 2005. Heating up and cooling down. *Science and Children* 42 (8): 47 – 48.

Hazen, R., and J. Trefil. 1991. *Science matters: Achieving scientific literacy*. New York: Anchor Books.

National Research Council (NRC). 1996. *National science education standards*. Washington, DC: National Academies Press.

第十三章
坑里的水去了哪里?

大雨下了一整夜。索菲亚阿姨说天上掉下了很多“猫和狗”[①],但是瓦实提在地上一只也没看见,所以认为索菲亚阿姨肯定是在开玩笑。索菲亚阿姨很会开玩

① rain cats and dogs:英语习语,意为“大雨倾盆”,字面意思为“天上掉下了猫和狗”,词源不详,一说“源于北欧神话,猫能影响天气,而狗是暴风雨的征兆”。——译者注

笑，她的话难辨真假。

不过，瓦实提看到地面上确实有树叶、树枝等很多其他东西，尤其是水坑。水坑到处都是，凡是地面上有窟窿或凹陷的地方，都有水坑。

大街上和人行道上也有水坑，到处污水横流。

别以为瓦实提对水坑一窍不通，其实她对水坑早已习以为常。小时候，她喜欢穿着靴子在水坑中手舞足蹈，污水和泥巴溅到衣服上，弄得她浑身脏兮兮的。那时候她年纪小不懂事，现在已经不这样做了，不过，有时候那些水坑看上去还是充满诱惑力，就像今天早上这样。天空依然阴云密布、狂风呼啸，瓦实提赶紧回到屋里，心里却忍不住想着外面的水坑。她知道有些水坑会很快消失，还有一些需要很久才能消失。

“有时大水坑比小水坑干得快，”她出门去上学，一边走一边想，“为什么会这样呢？”

她走过几个水坑，想了一会儿，然后笑了：“我想，我知道是什么原因！”

就在这时，瓦实提的朋友胡安娜从家里出来追上了她，瓦实提突然想跟胡安娜开个玩笑。

两人从篮球场经过，大孩子们喜欢晚上在这里打篮球。正如瓦实提预料的那样，篮球场上布满了大大小小的水坑，她走到一个最大的水坑跟前对胡安娜说：“我敢打赌，这个大水坑将会在我们下午放学回家的时候消失，而旁边那个小水坑还不能干。你敢打赌吗？”

“当然，”胡安娜说，“你认为那个大水坑会比这个小水坑干得快，是吗？好吧，一言为定。我看你是脑子进水了。雨已经停了，蓝天上飘着几朵白云，让我们先去上课，等下午再看谁是对的。”

两个小姑娘下午参加了一些课外活动，准备回家时天色已晚。她们路过篮球场的时候发现，果然，瓦实提的大水坑已经干了，胡安娜的小水坑还有些水。

“你是怎么料到的？”胡安娜问，“今天根本没出太阳！”

“小菜一碟！”瓦实提说。

目的

这则故事与蒸发有关。我们将要探讨的是有哪些主要因素影响水蒸发的速度。我们都有机会去观察雨后各个水坑中水的蒸发,它们蒸发的速度快慢不同,但是,很少有人留意其背后的原因。跟其他故事一样,这则故事重点也是探讨那些容易被人忽略的细节。

相关概念

- 表面积
- 能量
- 水循环
- 蒸发

不要惊讶

一些学生可能不相信,一个大水坑比小水坑里的水蒸发速度更快。瓦实提的预测诀窍在于,她选择的水坑大而浅,而不是小而深。小水坑与空气接触的表面积当然比大水坑小。你的学生可能没有意识到,表面积在蒸发或在能量增益与损耗过程中发挥着重要作用。

内容背景

水蒸发现象是日常生活中的常见现象。大多数文章都着眼于水循环以及水由液体到气体再到液体的变化过程。这则故事侧重于水循环的一个环节"蒸发"以及容易形成蒸发的条件。蒸发是我们容易忽视的日常科学谜题之一,然而,只要我们注意观察,就会乐在其中。

由于日常生活中水从液态变成气态非常频繁,所以我们往往不知道水在什么条件下蒸发速度最快。露水在人们不知不觉间消失得无影无踪;自行车车座上的水一分钟前还在,似乎转眼之间就不见了。瓦实提知道一些胡安娜不知道的秘密:水坑大小、深浅各不相同。水由于受到地球重力作用通常从高处向低处流动,在坑洼处聚集。凹坑越深,聚集的水越多。故事中有两个因素发挥重要作用:坑里水的多少以及水与空气接触的表面积大小。

表面积在冰雪融化或吸收热量过程中发挥重要作用,同样,表面积在水蒸发过程中也非常重要。湖泊和海洋的水量约占地球水体总量的 90%,这两个水体与大气接触的表面积也最大。植物通过叶子的蒸腾作用散发一小部分水分。还有一小部分水蒸气来源于升华过程,即,冰雪中的水分子在吸收足够能量后不经融化直接由固体变成气体。

表面积在各种能量转化过程中发挥重要作用。在本书第十一章的故事“冷静点,伙计!”中,主人公们发现碎冰比冰块吸收热量的速度快,这是因为碎冰的表面积比冰块大。

热水在碟子中比在杯子中冷却速度快,冷水在碟子中比在杯子中结冰速度快,造成这些现象的原因在于水与空气接触的表面积不同。同样,在碟子中以及在杯子中,等量的水蒸发速度快慢不同。水之所以会蒸发,是因为水分子获得足够的能量来摆脱它们与其他水分子之间的束缚。空气的压力也对水分子摆脱束缚的难易程度具有影响。气压越强,水分子越难摆脱束缚。因此,我们可以说,如果水与空气接触的表面积越大,那么水分子逃逸到空气中的余地和可能性就越大。

瓦实提注意到篮球场上有些水坑较浅、面积较大。她还注意到,一些水坑看似很小,然而积水很深。虽然瓦实提可能不知道蒸发这个概念,但是她善于观察且经验丰富,因此预测的结果非常准确。

如果你在美国北部某州见过枫叶糖浆的制作过程,就会注意到那里的人们把枫树汁液装在浅平底锅里,然后放在火上加热。为了制作糖浆,需要把树汁里的水(树汁的主要成分)通过蒸发方式予以剔除,留下其中的糖分。通常情况下,制作 1 加仑糖浆需要大约 40 加仑树汁。整个过程需要蒸发掉的水真多!蒸锅必须很浅,而且表面积很大。糖浆作坊烟雾缭绕、蒸汽弥漫。即使使用专用的快速蒸锅,蒸发过程也要耗费很长时间,因为需要把树汁中近 98%的水分转化成气态形式。

当水从水体中自然蒸发的时候,由于水分子需要吸收能量,从而使周边环境变得凉爽一些。生活在炎热、干燥地区的人们利用这种现象给他们的房屋降温,他们采用的设备在当地被称为“沼泽冷却器”(swamp cooler),具体做法是用布把一个滚筒包裹起来,让滚筒在一锅水上不停转动,滚筒自带的风扇能够把凉风吹向房间。这种设备的工作原理是,湿布里的水通过蒸发使空气温度降低,而风扇把凉爽、潮湿的空气吹进屋子。在相对湿度约为10%的气候条件下，人们不会因为潮湿而感到不适。沼泽冷却器使用的能量比空调少。一个有趣的事实是，温度每增加10度蒸发速度增加一倍。

《国家科学教育标准》(国家研究委员会，1996)的相关内容

幼儿园—4年级：物体和物质的属性

• 物质以不同形态存在——固态、液态和气态。加热或冷却可以使一些常见物质从一种形态变为另一种形态，例如水。

5—8年级：地球系统的结构

• 水覆盖了地球表面的绝大部分，经由地壳、海洋和大气进行反复循环，即"水循环"。水从地球表面蒸发，在上升过程中逐渐变冷凝结形成雨或雪，雨或雪降落到地面后在湖泊、海洋、土壤或地下岩石中汇聚起来。

《科学素养基准》(美国科学发展协会，1993)的相关内容

幼儿园—2年级：地球

• 敞开容器中的水会逐渐消失，而封闭容器中的水不会消失。

3—5年级：地球

• 液态水消失后会变成空气中的气体(蒸汽)，冷却后会重新变成液体，如果低于凝固点则会变成固体。云和雾都是由极小的水滴构成的。

3—5年级：物质结构

• 加热和冷却能够引起物质属性发生变化。温度越高，很多变化速度越快。

6—8年级：地球

• 水从地球表面蒸发，在上升过程中逐渐变冷凝结形成雨或雪，然后再次降落到地球表面。

在幼儿园—4 年级中使用这个故事

尽管《科学素养基准》建议说“水消失了”，但是我们想让孩子知道，水在变成蒸汽的过程中只是从人们的“视线”中消失了。哪怕年龄较小的孩子也见到过水从罐子或水坑消失，但是，要让他们相信水变成了蒸汽并且一直存在于空气中，则比较困难。然而，我们仍然可以让学生参与调查故事中提到的那些现象。读完故事之后，你可能会让学生填写“我们的最佳思维榜”，从中了解他们对“水去了哪里”以及“瓦实提如何战胜胡安娜”等问题的看法。开始研究的最佳时间是等待雨天水坑出现。但是，除非篮球场管理员非常友善，愿意在你和学生把场地弄脏之后费力冲刷干净，否则你们可能要在不下雨的情况下进行实验。

如果学生们推测说，瓦实提选择的大水坑较浅，而胡安娜的小水坑较深，那么你可以问他们能否找到具体方法在教室里加以验证。你可能要帮助他们了解如何把户外实验搬到教室来做。你可以提出如下问题：“一个容器开口大小对其中的水蒸发速度有没有影响？”你可能需要向他们说明什么是“表面积”，哪怕他们对“面积”这个术语可能只是略知一二。一种直观的方法是，你可以让他们看看为了覆盖一个物体表面需要使用多大的纸。例如，要覆盖一个餐盘几乎需要一整张笔记本大小的纸，而一个水杯只需要同样大小纸张的 1/8。学生可能会注意到餐盘里的水虽然比杯里的水浅，却比杯里的水占据的面积大。

通常，孩子们可能想到应当使用一定量的水（例如一杯水），分别将等量的水倒入一个口小的容器以及一个口大的餐盘。你最好自己首先尝试一下，看一看水蒸发需要多长时间，然后再决定什么时候让学生开始实验。如果你想在一天之内完成，就必须在上午很早就开始实验。为了加快蒸发速度，如果天气较为温暖，你可以把容器放在打开的窗户旁边，而如果天气较为凉爽，你可以把容器放在暖气片旁边。在凉爽的空气中放在散热器旁工作也会加快。实验可能还会涉及如下问题：

- 浅坑是不是一定比深坑的水蒸发快？
- 三个或四个尺寸递增的容器对蒸发速度产生什么影响？（或者类似问题）
- 热量是否能够加快蒸发速度？

- 蒸发之后会剩下什么残留物质?
- 我们能否使用不会剩下残留物的液体?
- 如果我们在水中溶解了大量的盐或糖,然后让水蒸发,会出现什么情况?
- 如果水里有很多物质,会影响蒸发时间的长短吗?

实验中肯定还会出现其他意想不到的问题。如你所见,这一研究活动将会把你带入一个新领域:把各种物质放在液体中加以溶解以及如何通过蒸发方式把它们还原回来。如果你愿意,你也可以进一步做更多的调查研究。

在5—8年级中使用这个故事

高年级学生对这个话题的反应与低年级学生有所不同,他们至少会在口头上同意水蒸气存在于空气中的观点,而实际上他们未必真的相信这一点。你可以利用佩奇·基利等著《了解学生的科学想法》(第一册)(Keeley, Eberle and Farrin,2005)一书中的故事"湿牛仔裤"了解学生的真实想法。这一探究案例要求学生就"蓝色牛仔裤在晾干过程中水分去了哪里"从七个选项中作出选择,并给出具体解释。令人惊讶的是,学生可能会选出正确答案,但是在被问及是如何知道答案的时候,他们给出的理由往往很牵强,甚至有人认为水必须被煮沸才能蒸发。这则故事可以引导学生结合自己的生活经验思考瓦实提如何能够准确预测坑里水蒸发快慢的问题。如果你的学生了解"物质具有微粒性"的知识,就不难解答故事中的问题。

你可以把这则故事改编成科学谜题:"瓦实提知道而胡安娜不知道的秘密是什么?"或者,"你能不能在校园里找两个水坑,把故事中的情景再现一遍?"再或者,"你能不能设计一个实验项目,用来展现水在不同容器中蒸发速度不同?"又或者,"容器的形状和大小是否影响水的蒸发速度?"

你也可以参考上一节"在幼儿园—4年级中使用这个故事"中的问题,不过我认为,随着调查研究不断深入,你的学生完全有能力想到这些问题并且还会碰到更多问题,然后设法予以解决。

相关书籍和美国科学教师协会期刊文章

Driver, R., A. Squires, P. Rushworth, and V. Wood-Robinson. 1994. *Making sense of secondary science: Research into children's ideas*. London and New York: Routledge Falmer.

Keeley, P. 2005. *Science curriculum topic study: Bridging the gap between standards and practice*. Thousand Oaks, CA: Corwin Press.

Keeley, P., F. Eberle, and C. Dorsey. 2008. *Uncovering student ideas in science: Another 25 formative assessment probes, volume 3*. Arlington, VA: NSTA Press.

Keeley, P., F. Eberle, and J. Tugel. 2007. *Uncovering student ideas in science: 25 more formative assessment probes, volume 2*. Arlington, VA: NSTA Press.

Keeley, P., and J. Tugel. 2009. *Uncovering student ideas in science: 25 new formative assessment probes, volume 4*. Arlington, VA: NSTA Press.

Konicek-Moran, R. 2008. *Everyday science mysteries*. Arlington, VA: NSTA Press.

Konicek-Moran, R. 2009. *More everyday science mysteries*. Arlington, VA: NSTA Press.

Nelson, G. 2004. What is gravity? Science and Children 41 (1): 22-23.

参考文献

American Association for the Advancement of Science (AAAS). 1993. *Benchmarks for science literacy*. New York: Oxford University Press.

Keeley, P., F. Eberle, and L. Farrin. 2005. *Uncovering student ideas in science: 25 formative assessment probes, vol. 1*. Arlington, VA: NSTA Press.

National Research Council (NRC). 1996. *National science education standards*. Washington, DC: National Academies Press.

第十四章
小帐篷哭了

“啪！”打中左眼。

夜里，拉妮在露营帐篷看到眼前漆黑一片。“啪！”打中右眼。

“可恶，是哪个讨厌鬼？”

“啪！”打中眉心。

“可恶，够了！谁在捣乱，我非把她的水枪摔了不可！”

拉妮打开手电筒，却只发现帐篷封闭得严严实实，而同伴安妮睡得正香。或者说，她假装睡得正香。

“安妮，醒一醒!”拉妮摇了摇她的朋友喊道。

“怎——么——啦? ……你干吗把我叫醒，拉妮?”安妮睡眼蒙眬地说。

“你干了什么事你自己知道。”拉妮气冲冲地说。

“为什么你的脸在往下滴水，拉妮? 你看上去好像刚洗完澡。”

“没错，”拉妮愤愤地说，“我也觉得好像洗澡呢!”

“啪!”打中拉妮身后的枕头。

此时拉妮觉得有点不好意思。安妮就在眼前，可是水滴还是打在她的床上。她用手电筒照了照帐篷顶部，那里还有一滴水正等着滴落到床上。

“我该怎么办，难道要撑着伞睡觉?”

“深更半夜的，你在胡说什么，拉妮?”安妮抬头望了望手电筒照亮的帐篷顶部。

“噢，糟糕! 我们的帐篷漏雨了，肯定是下雨了。还好只是帐篷的一侧漏雨。晚安，拉妮。”

“你不能这样，安妮。我们共用这顶帐篷，如果我淋湿了，你也躲不掉。”

“没门! 我懒得跟你争论，如果你想来到我这边来睡，就过来吧。”

拉妮打开帐篷的门帘向外望了望。月亮和星星很耀眼，天气很凉，绝对没有下雨。

“没下雨啊，”拉妮叹了口气，然后紧靠在帐篷另一侧的安妮身边躺了下来。

大约过了一个小时：啪! 打中她的右耳朵。困倦的拉妮再也顾不了那么多，一觉睡到天亮。

第二天早上，营员们醒来发现天气依然闷热潮湿。这种华氏温度 90 多度的高温天气已经持续一个星期了，让人感觉就像蒸桑拿一样。拉妮的枕头几乎被水浸透了，安妮的枕头也好不到哪里。拉妮不得不查找一下原因，结果发现其他人的帐篷里也都有潮湿的地方。大家的帐篷都没有漏水，而且夜里并没有下雨。草是湿的，树上的叶子也是湿的，所有的帐篷里面都布满了水珠。

夏令营领队潘妮正在生火做饭，两个女孩围拢过来，向她讲述了帐篷变潮湿的事情。

“真有趣，”潘妮说，“我猜，你们肯定想知道水是从哪里来的。想到答案了吗? 最近一段时间天气非常闷热、潮湿，水滴或许是从空气中来的。”

拉妮和安妮对视了一下。“我感觉空气中没有水，几乎一个星期天气都是这样。”拉妮说。

“我还是认为帐篷漏水。”安妮说。

“每顶帐篷都是这样吗？”潘妮问。

“那就奇怪了。但是，如果帐篷里没有洞，水是从哪里进入帐篷的呢？”

“也许是来自我们的呼吸。你知道，如果你向窗户吹一口气，窗户立刻就会变得雾蒙蒙的。”站在一旁的汤姆说。

“嗯，也许是吧。可是，为什么水滴都聚集在帐篷顶部，像下雨一样落下来？”安妮一脸疑惑地说。

“简直就跟变魔术一样！”拉妮喃喃地说道，“看不见的水从空气中或是从我们的呼吸中突然变成雨水，出现在帐篷里。我想我该去游泳了，这样的话，我不用魔杖也能变出水来！”

目的

拉妮和安妮亲身(或者说“亲脸”可能更贴切一些!)经历了水循环的过程。实际上,多年前我在大沼泽地国家公园露营时也遇到过类似情况。空气湿度很大,而夜间温度骤降,我醒来时发现脸和枕头都湿了。我拿不准水汽是这里亚热带空气湿度大造成的,还是我的呼吸造成的,也可能两者兼而有之,但是有一件事我可以肯定:我的脸和枕头都湿了!这则故事旨在帮助学生在自然条件下目睹水循环过程,而不是像在课堂上那样以高度程式化的方式学习这方面的知识。拉妮和安妮的呼吸中或帐篷内以水蒸气形式存在的水在帐篷表面遇冷凝结,返回到液体状态,形成“降雨”落在她们的身上,你的学生应该能够把这两者直接联系起来。

相关概念

- 蒸发
- 冷凝
- 温度
- 湿度
- 相对湿度
- 循环和能量
- 物质守恒

不要惊讶

帐篷里的水是从哪里来的?你的学生可能会发表很多令人啼笑皆非的观点。中小学生几乎都会认为,空气中不可能有那么多水致使这种现象出现。我跟老师们谈到这一问题时,他们往往都会提到另一件事:你很难能够让学生相信附着在冷饮杯子外面的水是来源于周围空气,他们更愿意相信水是从杯里渗透到外面的。在这则故事中,拉妮显然不相信周围的空气中有水,因此不可能接受这就是帐篷里“下雨”原因的说法。从这方面而言,拉妮是大多数孩子和一些成年人的典型代表。拉妮更容易相信是呼吸中的水汽导致“下雨”,因为我们每次对着镜子或玻璃呼吸的时候,总会看到镜子或玻璃雾蒙蒙的。然而,我们知道,在冷饮杯“出汗”之类的例子中,水肯定是来自空气,空气中确实有水存在。然而,我们却很难说服孩子接受这一点。

人们对水循环产生错误认识的根源之一在于，很多教科书往往利用各种图表代表陆地、水、云和雨等水循环要素，水从江河湖泊中直接蒸发到空中变成云，然后又以雨水形式直接降落到地球表面。这种简单化的做法可能会导致儿童和成人相信，水循环是一个从陆地到云再到陆地循环往复、永无休止的运动过程。事实上，地球上绝大部分水资源都被锁定在地下、冰川、海洋、湖泊和溪流等地方，而水在蒸发以后大部分时间都驻留在原处附近或者在大气中以蒸汽形式存在。水在海洋中已经驻留数个世纪，在冰川或冰帽中同样驻留了很久。尽管水有固态、液态以及气态等物理变化，然而这里的重点概念是蒸发、冷凝和物质守恒等。一个常见的误解是，水在蒸发以后不复存在。

然而，我们不能忽视水循环中蒸发和降水环节，正是它及时给我们补充不可或缺的水源。

内容背景

你肯定经历过故事中描述的情景，例如，如果有一段时期天气特别潮湿，天花板或墙壁上就会出现很多水珠。或者，如果天冷的时候你用炉子煮东西，就会注意到窗户上雾气腾腾。还有一个例子，你的汽车玻璃在冷天也是雾蒙蒙一片。与教科书中插画式描述的水循环不同，在日常没有雨云和河湖的情况下水循环也会发生。就像故事中汤姆所说的那样，你向冰冷的窗户呼出一口气，就会看到微小的水珠形成一片雾气，这也是水循环的一种形式。有多少人还记得，小时候坐在汽车里我们用手指在车窗上写自己的名字（或其他文字），惹得父母很生气？我们呼出的湿热气体遇到冰冷车窗时失去能量，从气体变成液体。我们的身体给气体提供能量，而气体遇到冰冷车窗时形态发生变化，也就是科学家所说的“相变”。就本案例而言，这一变化过程被称为“冷凝”。

水仿佛是一种神奇的物质，从天上掉下来，从水龙头跑出来，从湿衣服或水坑悄悄溜走。为了了解水的循环，我们需要明白：水分子能够通过蒸发过程或者直接从水体表面逃逸到空气中并悬浮在那里，反过来，空气中的水分子（蒸汽）也能够变回到液体状态（冷凝）。所有这些变化都需要吸收或释放能量。如果要让晾衣绳上一条牛仔裤中的水从液态转化成气态，就需要把能量转移到水分子中。如果要让蒸汽分子变成液态，就需要它把能量释放出来。这些水分子和所涉及的能量都遵守物质守恒定律，换句话说，无论是水分子的质量，还是转移能量的多少都没有发生变化。

首先，水是一种液体，这意味着水分子之间引力较弱，分子运动较为剧烈，因此，如果你把水倒入容器，水就会填满容器或溢出来。有时候，一个水分子吸收充足能量后能够脱离周围的分子(蒸发)，悬浮于空气中。它在这里加入到其他水分子的行列，相互碰撞着继续向上运动。水分子在蒸发过程中为了能够脱离其他分子，需要从其周围环境吸收能量，因此，周围环境在水分子逃逸之后会变得稍微凉一些。你可能已经注意到，如果你浑身湿漉漉的，水从皮肤上蒸发掉的时候会让你感觉一丝凉意，因为水吸收了你身体的部分能量。同样，当你从游泳池来到岸上，就会感到寒冷，浑身起“鸡皮疙瘩”。

其次，蒸汽分子如果把能量传递给其他物体，就会变回到液体状态。在凉爽的地面、在高空、在冰冷的车窗或是在冷空气等地方，蒸汽分子由于失去能量而变成液体状态。如果蒸汽分子触及冰冷的帐篷表面，就会还原为水，微小的水珠越聚越大、越聚越多，最终降落到你的脸上或枕头上。

我并不是想说全球范围的水循环不重要。大多数教科书中都对水循环有所描述：水从湖泊或海洋蒸发，上升到天空，形成云，变成雨水重新降落到地面。这个基本的水循环过程对地球而言极其重要。但是，如前所述，这种过分简单化的描述容易让学生对水循环产生误解。他们可能会误以为，芝加哥水坑里的水中午时分开始蒸发，上升到空中，形成云，下午就会变成雨水在底特律降落下来，而这些雨水随即又从伊利湖开始蒸发。这种情形有可能出现，然而，实际上，水可能会在海洋中驻留数个世纪或更久，据我们所知，有些冰川中冰的年龄可能长达1万年。当冰川融化，夹杂着岩屑的融水往往直接流入海底，在那里驻留很久以后才有可能上升到海洋表面，有机会蒸发到空中。而在某些情况下，冰川融水将会与表层水混合起来，始终驻留在海洋这个庞大的水体之中。

我特别喜欢一个名为“不可思议的旅程”的模拟游戏，你可以在《水资源教育项目(教师版)》(*Project WET*，1995)网站上找到。在这一游戏中，学生扮演水滴经历水循环的全过程，他们需要不停地从一个地方挪到另一个地方，却往往都卡在海洋或冰帽的位置，由此体会到水循环并非像教材插画描述的过程那样理想化。你可以在网站中找到这个游戏。找到“不可思议的旅程”。水循环受诸多条件限制，也是这则故事背后的理论基础，我希望你和学生能够对它们进行跟踪调查研究。

《国家科学教育标准》(国家研究委员会,1996)的相关内容

幼儿园—4 年级:物体和物质的属性

• 物质以不同形态存在——固态、液态和气态。加热或冷却可以使一些常见物质从一种形态变为另一种形态,例如水。

5—8 年级:地球系统的结构

• 水覆盖了地球表面的绝大部分,经由地壳、海洋和大气进行反复循环,即"水循环"。水从地球表面蒸发,在上升过程中逐渐变冷凝结形成雨或雪,雨或雪降落到地面后在湖泊、海洋、土壤或地下岩石中汇聚起来。

《科学素养基准》(美国科学发展协会,1993)的相关内容

幼儿园—2 年级:地球

• 敞开容器中的水会逐渐消失,而封闭容器中的水不会消失。

3—5 年级:地球

• 液态水消失后会变成空气中的气体(蒸汽),冷却后会重新变成液体,如果低于凝固点则会变成固体。云和雾都是由极小的水滴构成的。

6—8 年级:地球

• 水在大气圈的循环对气候变化模式发挥着重要作用。水从地球表面蒸发,在上升过程中逐渐变冷凝结形成雨或雪,然后再次降落到地球表面。雨水降落到地面后在河流、湖泊、土壤或岩石孔隙汇聚起来,其中大部分流回到海洋。

在幼儿园—4 年级中使用这个故事

如果你能找到《了解学生的科学想法》(第一册)(Keeley, Eberle and Farrin, 2005),那么我建议你首先使用该书中的探究案例"湿牛仔裤"。你可以在使用我们

的故事之前利用该案例对学生进行评估，也可以在使用之后进行评估。

本章读者对象为年龄八九岁以上的学生。五六岁的孩子可能会喜欢这个故事并提出有趣的解释，但是他们年龄太小，不大可能明白故事的意图所在。事实上，《国家科学教育标准》和《科学素养基准》都指出，幼儿园—2 年级学生的学习重点应该是观察水从水坑或餐盘“消失”(蒸发)等现象。我对“消失”一词有不同看法，因为孩子们往往把它理解为“不再存在”。“消失”的另一个含义是“再也看不见”，这一含义用在本故事里更为贴切。不过，我们最好使用类比给学生解释一下：一个球滚到椅子底下之后似乎是消失了，虽然我们看不见，但是它仍然在那里。上述两份文件关于三、四年级的教学要求都认为，“水变成水蒸气以及水蒸气变回水蒸气”的概念对学生而言并不难。鼓励低年级学生探索有哪些条件能够加快或阻碍水蒸发过程，这对他们而言很有教育意义。你可以问他们，什么东西能够加快或阻碍水从餐盘中消失？你可以从下面这个问题着手调查：“我们能想出多少种办法来使水蒸发更快？”

你可能需要帮助学生识别各种变量，例如：区分水的表面积(大盘子里的水表面积较大)或深度(小盘子或玻璃杯里的水较深)，使用的水量保持一致，把盘子或玻璃杯放置在同一个地方，等等。如果学生想把这个实验当作一场竞赛，他们可以根据自己的经验进行预测，并注意竞赛的“公平性”。他们将会发现，如果水的深度浅、表面积大，那么蒸发速度最快。通过实验，学生肯定会加深对“深度浅、表面积大”这一概念的认知。

关于如何在三、四年级中使用这个故事，你可以参考下一节“在 5—8 年级中使用这个故事”的建议，根据实际情况适当加以修改。

在 5—8 年级中使用这个故事

跟其他所有故事一样，在读完这则故事以后，你也应当问一问学生对故事中的问题有什么看法。把学生的观点写在“目前我们的最佳思维榜”上。你可以把他们的陈述变成问句形式，让他们就此提出假设并加以验证。学生应当把所有这些步骤都记录在科学笔记本上。如果你有能力从容不迫地指导学生同时开展几项实验研究，可以把学生分成几个小组，让每组选择一个假设后着手设计实验方案加以验证。你最好让这些小组定期向全班学生报告实验进展情况并相互征求意见。这样，全班学生就等于在一定程度上参与了每一项实验研究。通常，学生可能想复现故事描述的情景。你可以让学生使用衣架配合油布、帆布或尼龙布制作小帐篷。你们需要对帐篷表面进行降温处理：可以把一个放有冰块的塑料袋挂在帐篷表面。学生有可能模仿故事中两位女生的做法向帐篷里呼气，看看会产生什么结果。有些孩子喜欢在帐篷里放一餐盘温水，看它如何蒸发。很快，帐篷被降温的区域就会有水滴产生，再现故事中的情景。在接下来的讨论中，你再向学生介绍"蒸发"和"冷凝"这两个概念时，他们对此肯定会有切身的感受。

在读完故事之后学生填写的"目前我们的最佳思维榜"上，他们可能会对冷饮杯"出汗"以及其他关于冷凝或蒸发的现象提出自己的看法。你应当让他们通过实验对这些看法进行验证，并把科学笔记本上的实验记录拿到班里讨论。在学生玩了《水资源教育项目》中"不可思议的旅程"的游戏之后，你可以提出"全球水循环"这个话题，让学生根据自己的实际经验以及对蒸发和冷凝两个概念的认识就全球水循环示意图展开讨论。对那些学有余力的学生，你可以让他们探讨水在蒸发或冷凝过程中吸收或释放热量的问题。不过，既然学生通过实验掌握水循环系统及其组成部分的第一手资料，就已经达到了相关的教学要求。

相关书籍和美国科学教师协会期刊文章

Driver, R., A. Squires, P. Rushworth, and V. Wood-Robinson. 1994. *Making sense of secondary science. Research into children's ideas*. London and New York: Routledge Falmer.

Hand, R. 2006. Evaporation is cool. *Science Scope* (May): 12 – 13.

Keeley, P. 2005. *Science curriculum topic study: Bridging the gap between standards and practice*. Thousand Oaks, CA: Corwin Press.

Keeley, P., F. Eberle, and L. Farrin. 2005. *Uncovering student ideas in science: 25 formative assessment probes*, volume 1. Arlington, VA: NSTA Press.

Keeley, P., F. Eberle, and J. Tugel. 2007. *Uncovering student ideas in science: 25 more formative assessment probes*, volume 2. Arlington, VA: NSTA Press.

参考文献

American Association for the Advancement of Science (AAAS). 1993. *Benchmarks for science literacy*. New York: Oxford University Press.

Keeley, P., F. Eberle, and L. Farrin. 2005. *Uncovering student ideas in science: 25 formative assessment probes*, volume 1. Arlington, VA: NSTA Press.

National Research Council (NRC). 1996. *National science education standards*. Washington, DC: National Academies Press.

Project WET, Curriculum and activities guide. 1995. The amazing journey. Bozeman, MT: Water conservation Council for Environmental Education, 161-165.

第十五章
橡子去了哪里?

在安德森家后院高高的橡树上，松鼠奇克丝（又叫“腮帮儿”）从她那用树叶搭成的小窝里向外张望着。此时正值清晨，大雾像棉被一样笼罩着山谷。奇克丝舒展灰蒙蒙、毛茸茸的美丽身躯，四处张望。她感受到八月清晨温暖的空气，翘起蓬松的灰色大尾巴，抖动了几下。“腮帮儿”这个名字是安德森一家给她取的，因为她每次在院子里悠闲漫步或飞奔而过，塞满了橡子的两腮总是鼓鼓囊囊的。

“我今天有事情要做!”她寻思道,想象着要把那些饱满的橡子收藏起来,为即将到来的寒冬时节做好准备。

奇克丝现在面临的最大难题并不是采集橡子。这里到处都是橡树和橡子,院子里所有灰松鼠加在一起也吃不完。问题是等到天气转冷、皑皑白雪把草地覆盖之后,如何才能找到橡子。奇克丝嗅觉灵敏,有时候能嗅出她自己之前埋下的橡子,但不是每次都能做到。她需要想出一种办法来记住自己是在哪里挖洞埋橡子的。奇克丝记性不好,而院子又太大,对她那个小脑袋瓜而言,要把所有挖过的洞都记住实在太难了。

太阳已经从东方升起,奇克丝从树上溜下来开始找果子吃。她还得让自己吃胖些,这样,在找不到东西吃的漫长冬日里才能不受冻挨饿。

“怎么办?怎么办?”她一边摇着尾巴一边思索着。就在这时,她看见草地上有一片阴影,阳光照不到那里。地上那片阴影有一定的形状,阴影的一端位于树干与大地的交会处,另一端与树干之间有一小段距离。“我明白了,”她想,“我要把橡子都埋在那片阴影的尽头处,等天冷的时候再回来把它们挖出来。瞧我多聪明!”奇克丝自言自语,然后就开始采集橡子、挖洞贮藏。

第二天,她又找到另一片阴影,然后如法炮制。接下来几个星期时间里她都在忙着采集橡子、挖洞贮藏。这个冬天她肯定可以高枕无忧了!

几个月过去了,白雪覆盖了大地和丛林。奇克丝大部分时间都蜷缩在树上的小窝里。一个清新的早晨,天空刚刚放亮,她低头看到地上的阴影,与洁白明亮之处形成了鲜明的对比。突然,她胃口大开,想要尝一尝鲜美多汁的橡子。她想:“哦,对了。是时候把我埋在阴影尽头的那些橡子挖出来了。”

她从树上跳下来,飞快地穿过院子,跑向那片阴影的尽头。一团团雪花随着她飞奔的脚步不断被扬起,随后又飘落到大地。她心中暗想:“我真是太聪明了。我知道橡子在哪里。”她感觉自己已经快跑到树林边缘,而以前似乎没跑过这么远。但是她的记性不好,也就没管那么多。然后,她跑到那片阴影的尽头处,开始挖啊挖啊挖啊!

她不停地挖啊挖啊!什么也没有!“也许我埋得深了点儿。”她想,有点上气不接下气。于是她挖得越来越深,还是什么都没有。她跑到另一片阴影的尽头开挖,依然什么都没有。她嚷道:“可是我明明记得是埋在这里的呀,它们都去了哪里?”她既生气又想不通。难道别的松鼠把橡子挖走了?那样不公平!难道它们自己消失了？这些阴影又是怎么回事？

她怎样才能找到橡子呢？它们究竟在哪里？你能帮助她找到她埋藏橡子的地方吗？帮帮她吧，因为她现在饿得要命！

目的

“奇克丝”故事的主要目的是为了让孩子们学到一些关于太阳光下物体投射阴影的现象。虽然故事中描述松鼠奇克丝也有“想法和猜测”,但你明显可以看出这是作者刻意而为。有些读者可能会纠结于拟人手法的问题,其实孩子们每天读到的很多故事中动物都跟人一样有感情、会说话。如果把这些因素从故事中摒除,那么我们就失去了把故事角色与现实学生联系起来的“纽带”。我们认为,老师们完全可以放心,学生不会对故事中动物也能思考、说话的行为感到迷惑不解。

本故事主要探讨的是天空中的太阳在一年中随着季节变换而来回移动,也就是所谓的白昼天文学(daytime astronomy)。遗憾的是,这两个概念在教给学生时已经被大大简化。学生了解地球太阳关系的入门书籍和图表虽然五花八门,却没有详细告诉他们如何进行观察。其实我们大可不必如此,因为只要学生生活的地方常年有阳光照射,他们完全可以自己动手测量相关的数据。

相关概念

- 自转
- 公转
- 地球太阳关系
- 测量
- 周期运动
- 地轴
- 季节
- 阴影
- 时间
- 模式

不要惊讶

你的学生如果不懂“影子长度随着每天或每季度变化而变化”的知识,可能会认为奇克丝的橡子被谁偷走了。还有一些学生可能对影子一无所知!学生往往认为影子是物体发出来的,而没有想到是因为物体遮挡光线造成的,这种错误认识很普遍。我亲眼看见过有些七到十岁的孩子从来没有玩过影子游戏。而有些学生立刻就会想到,奇克丝之所以判断错误肯定另有原因。让孩子们玩一玩踩影子或其他与影子相关的游戏，对理解这个故事很有帮助。

儿童和成人常见的错误认识是，北半球夏天之所以炎热，是因为地球距离太阳更近。事实上，令很多人非常吃惊的是，由于地球公转轨道略呈椭圆形，北半球处于夏季的时候地球距离太阳反而更远。另一个常见的错误认识是，很多人认为中午太阳从头顶直射下来时人没有影子。有些学生可能也会认为，无论日期变化还是季节变化，影子的长度始终保持不变。

需要再三强调的是，在学生做影子实验之前，你应当事先动手做一做实验并收集相关数据。这一点格外重要，因为它可以让你做到心中有数，一是了解学生在实验中可能会遇到什么问题，二是预知他们有可能把什么样的数据拿到课堂上来进行分析。

内容背景

开始实验最简单的方法是，在你附近找到一片白天阳光充足的地方。在地面铺上一张大纸，用牙签把纸固定住以免被风吹走，在纸的中央插一根木棒或一支铅笔。这样的小棒被称为晷针或影棒（参见图 15.1）。确保地面和纸张平整，然后每隔一小时左右察看晷针投下影子的变化。你可以用线条把影子的轮廓描摹下来，同时把当时的时间一并记录下来。几小时后，你会注意到日晷的影子在纸上沿着顺时针方向移动，随着中午临近，影子变得越来越短，到了中午影子变得最短，然后又开始逐渐变长。你还会注意到，太阳在天空的视运动跟日晷影子的运动方向正好相反。换句话说，天空中的太阳从东向西运动，而影子运动方向则是从西向东。你可以据此推断太阳和影子每天发生变化的大致情况，也就是，首先你会注意到，影子的长度和方向随着一天中时间的变化而变化。同样显而易见的是，当太阳在天空中沿着自己的运动轨迹逐渐升高的时候，影子逐渐变短，而在早晨和下午太阳位置很低的时候，影子则会变长（太阳低＝影子长，太阳高＝影子短）。其次你会注意到，影子跟太阳的运动方向相反，因此，当太阳在天空中东升西落，影子运动方向则是从西向东。

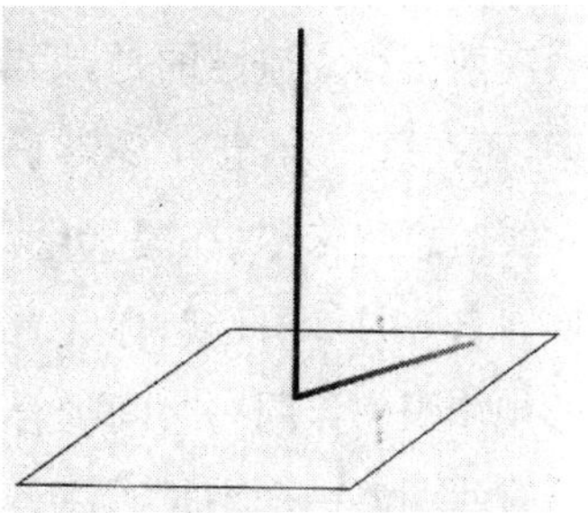

15.1　日晷

如果你能够从秋天开始(只有从秋天开始,下述实验内容才是正确的)把这个实验坚持做一学年,就会注意到随着时间一天天过去日晷在纸上投影的位置也会发生变化。晷针在纸上的投影沿逆时针方向一天天变长。运用你所发现关于太阳和影子方向关系的知识可以推断,太阳在空中的方位正在逐渐向东南偏移。在北半球,这意味着秋天一天天过去,冬天即将来临。太阳每天升起的时间越来越晚,方位逐渐向东南偏移。太阳在白天照射的时间越来越短,直到12月21日(有时为12月22日)冬天正式到来为止,这一天也是"一年中白昼时间最短的一天"。你最好在当地的超市、书店、五金店或园艺店购买一本《老农年鉴》。历书中列出了一年中每一天日升日落的具体时间表,美国国内不同地区有不同的版本。如果你买不到这本书,当地报纸上也会刊载关于天文学时间的年鉴。你还可以通过网站获取《老农年鉴》。

12月21日"冬至"以后,你会观察到情况发生了相反的变化。太阳每天升起的方位逐渐向北偏移,而日晷的影子也会随之发生相应变化。与冬至的时候相比,其他日期的影子则会越来越短。随着夏天临近、白昼时间越来越长,影子的方位则会向南偏移。遗憾的是,学期可能会在6月21日(有时为6月20日)夏至之前结束,而在这一天,正午的影子在一年中是最短的。如果幸运的话,你的学生可能会对实验意犹未尽,在夏天继续收集数据,这样他们将能够见证影子变化的完整周期。自6月21日起,你会看到影子长度开始增加,随着秋、冬季节临近,影子变化的规律跟去年同一时间吻合。从每年三月开始实行"夏时制"的时候,你应当把实验时间调整一个小时。你会注意到,由于时钟被人为拨快了一个小时,影子的记录就会滞后一个小时。因此,你应当根据太阳时间而非钟表时间记录影子的变化。重要的一点是,太阳时才是"真正的"标准时间,人为改变钟表的时间并不会改变天体运动的标准时间。由此我想到了那个关于园丁的笑话:他反对使用夏令时,因为他认为多出来的一个小时日照时间对农作物生长有害。

通过对太阳运动以及影子发生相应变化进行观察、记录,你最终将会得出如下结论:太阳在空中的运行路线完全可以预测,这一周期性的规律每年都会重复。如果你继续深入研究,就会发现太阳运动是导致地球南北两半球季节更替的原因所在。太阳周期运动只是宇宙众多周期运动中的一种。在第五章("月亮的把戏"),你会读到月亮周期运动以及月相周期变化的内容。每一年,你都会看到地球和太阳进行周期运动以及由此产生的季节变化;每一天,你都会看到地球自转造成白昼与黑夜更替。在故事“爷爷的大钟”(《日常物理之谜》,2013),你会看到钟摆的周期运动,其周期运动非常规律,可以用作计时工具。“周期运动”这个统括性的概念能够涵盖很多内容,难怪在科学研究中如此重要。同样显而易见的是,科学家们正在寻找一些类似的概念模式,以便他们能够对未来做出更准确的预测,从而更好地了解我们这个宇宙。

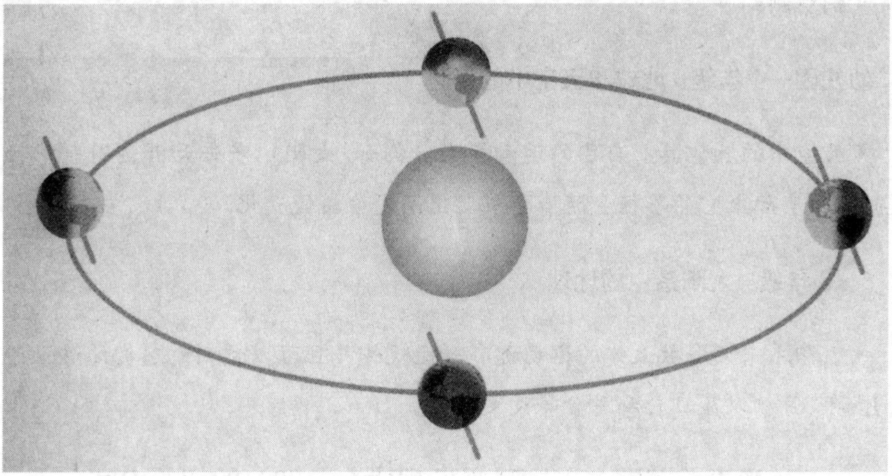

每年地球围绕太阳公转一周。地轴与公转轨道的倾斜角度为 23.5 度,导致南北两半球产生四季变化。由于地轴跟公转轨道的倾角始终保持不变,导致北半球在某一段时间内受到太阳光线直射,因此从直射光线那里获得更多热量。

这种现象发生在 6 月的夏至(夏天到来),此时昼长夜短。半年后,地球到达公转轨道的另一个端点冬至点,此时北半球不再被太阳光线直射,因此昼短夜长。南半球情况恰恰相反,季节变化的时间跟北半球正好反过来。在这两个极端之间,地球正处于向春季或秋季过渡时期,温度较为适宜,因为太阳直射光线在赤道南北两侧分布较为均匀。白昼与夜晚时长大体相等。地轴倾角是导致一年内地球季节变化以及太阳在空中方位不同的主要原因,也是导致阴影发生变化的原因。一个有趣的事实:无论在北半球还是南半球,你距离赤道越远,昼夜时长以及影子长度差异越大。

《国家科学教育标准》(国家研究委员会,1996)的相关内容

幼儿园—4 年级:天空中的物体

• 太阳、月亮、星星、云、鸟和飞机都有自己的特性、位置和运动,这些现象都可以被我们观测到。

幼儿园—4 年级:地球和天空中的变化

• 天空中的物体具有自己的运动模式。例如,太阳似乎每天沿着同一路径从天空经过,实际上它的路径会随着季节变化而发生缓慢变化。

5—8 年级:太阳系中的地球

• 太阳系中大多数天体的运动都有一定规律并且可以预测。它们的运动造成日、月、年、月相以及日食和月食等天文现象。

《科学素养基准》(美国科学发展协会,1993)的相关内容

幼儿园—2 年级:宇宙

• 我们只能在白天看到太阳,在夜晚看到月亮,不过,有时在白天也能看到月亮。太阳、月亮以及星星看上去都在天空中缓慢移动。

3—5 年级:地球

• 地球跟所有行星和恒星一样,在形状上近似于球体。地球围绕地轴每自转 24 小时便形成了一个昼夜循环。由于地球自转,反倒让地球上的人感觉好像是太阳、月亮、恒星以及其他行星每天都在围绕地球转动。

6—8 年级:地球

• 由于地轴与地球围绕太阳公转的轨道之间存在一定的倾角,而地球每天又围绕地轴自转,因此,地球受到太阳直射的地方在一年内有所不同。

在幼儿园—4年级以及5—8年级中使用这个故事

请参阅本书“绪论”部分关于两位教师如何使用这个故事进行教学的案例分析，它会帮助你看到整个教学过程的全景。既然案例分析那部分已经讲得很详细，我就把高、低两个年级层次的教学建议在这里合二为一。两个层次的教学建议也有很多相同之处，因此，为了避免重复，请完整阅读本部分内容，从中选择适合你所任教班级的教学建议。

当然，奇克丝被自己的错误认识所欺骗，她认为树木遮挡太阳光线产生的影子并不会随着日期或季节变化而变化。我们发现，大多数学生（包括一年级学生）立刻就会想到故事中影子的位置可能发生了变化。学生们一般不会意识到造成影子位置变化的原因是太阳的视运动，或许只有极个别学生能够想到这一点。学生所处的情形往往是这样：当你让他们解决奇克丝遇到的难题时，他们就会回想自己以前掌握的关于阴影的简单知识，并用来解释为什么橡子“消失”了。而高年级学生一旦明白阴影的确随着时间一天天改变，他们通常就会接着探讨影子通过什么方式改变以及改变了多少。正如你在“绪论”案例分析中看到的那样，低年级学生只需要知道一学年间影子长度发生什么变化，这一点对他们而言就足够了。

奇克丝那些橡子到底怎么啦？这个问题可能会让学生产生无限遐想。一些学生可能会循着奇克丝的思路，怀疑是其他松鼠或金花鼠偷了橡子。这是一个很好的开端，老师可以以此为契机培养学生的文学素养。老师应当鼓励学生畅所欲言，建议他们充分发挥想象力撰写一些关于奇克丝的传奇故事，例如，可以描写这位主角在后院经历了一系列冒险活动。学生应当把这些精彩的内容记录到科学笔记本里。鼓励学生搜集关于松鼠的各种资料，以使他们编写的故事更令人信服。这种做法也就是第三章提到的“第二手调查”，即利用文本或互联网信息等间接资料。例如，学生了解了松鼠的窝巢形状以及建造方法之后，就可以在此基础上编写各种故事。我让学生想象一下橡子被埋在地下以后发芽的情景，这样可以把他们引入生物学上有关种子的调查研究，看一看橡子被埋在地下以后是否都会立即发芽。如果老师有能力从容不迫地指导学生同时开展两项或两项以上的实验研究，那么这些研究肯定会异彩纷呈。尽管我们的主要目标是研究太阳运动以及阳光在地面投下阴影的关系，上述内容也算是令学生感到惊喜的意外收获。

老师应当帮助低年级或高年级学生弄明白,他们需要探索白天户外阴影究竟发生了什么变化。高年级学生通常对“四季变化对阴影造成什么影响”更感兴趣。对高、低两个年级层次的学生而言,最好是让他们利用手电筒和各种物体来研究影子以及影子与光源的关系问题。下面是一些非常实用的问题:

(1) 你能让阴影改变长度吗? 怎样才能做到?

(2) 你能让影子比物体本身更长或更短吗? 怎样才能做到?

(3) 你能让阴影围绕桌子朝着不同方向移动吗? 怎样才能做到?

这些观察以及他们在探索过程中遇到的种种问题同样也应当在科学笔记本中记录下来。

一旦学生学会如何玩影子游戏,那么他们对奇克丝遇到的问题就会豁然开朗。低年级学生可能会想到如下内容,然后把它们写在“我们的最佳思维榜”上:

- 户外的影子在一天当中随着时间流逝而变长。
- 户外的影子在一天当中随着时间流逝而变短。
- 户外的影子在一天当中每时每刻都在变化。
- 户外的影子在一天当中方向不断发生变化。

高年级学生可能都会有其他一些错误认识,例如:

- 正午的时候没有影子,因为太阳位于头顶正上方。
- 正午和中午指的是一回事。

如前所述,你可以把这些陈述句转变成疑问句,因此,这些陈述性的内容就变成了问题,例如:“户外的影子在一天当中随着时间流逝而变长?”“正午的时候有影子吗?”这些问题显然可以去验证,然后再被转变成假设或陈述。有人认为,“从陈述句变成疑问句,然后再变成陈述句”这种做法毫无必要,但是我相信,这种做法能够帮助学生看出假设来源于问题,任何知识都可以被质疑。这种做法还表明,假设是一种陈述性的表达方式,而不是问题。你还应当让学生拿出证据来证明自己的假设。他们需要懂得,假设绝不是毫无根据的胡乱猜测。

一旦学生就橡子为什么丢失的问题发表自己的看法,老师就可以把他们的观点填写在“目前我们的最佳思维榜”上。我建议，你最好找几大张纸来填写学生提出的关于影子变化的假设或理论，并在公共场所张贴出来。这张榜单应当成为纪录学生“目前最佳思维”的清单，随着实验不断展开、新发现不断产生随时加以修正。通过这种方式，学生可以回顾自己以前的认识，比较一下它们与现在的认识有什么不同。对英语语言学习者而言，他们既学到了新的科学内容，又掌握了语言知识。这有助于他们看到自己以前存在哪些不足之处以及现在取得了哪些进步，还有助于他们懂得，在新获得的确凿证据面前改变自己的思维模式并不是什么丢人的事情。成人最难做到的一点是，即使你不告诉孩子具体方法，也能让他们学会如何对事物进行观察。

老师可以提出一些问题，以帮助学生把注意力集中于问题以及解决问题的方案。你可以向学生提出如下问题：

- 奇克丝预料她拿来做标记的影子会发生什么变化？
- 你认为一天之内影子的长度和形状会发生什么变化？
- 为了弄明白一天之内影子的长度和形状会发生了什么，我们应当怎样做？
- 对于我们通过观察发现的结果，如何进行记录并持之以恒？

对于高年级学生，你也许可以这样提问：

- 你是否认为奇克丝用到的树影子除了长度变化之外还有其他变化？

一旦学生就如何在白天观察影子以及把几天的观察记录拿出来公开展示的问题达成一致意见，接下来的问题可能是：

- 我们怎样才能发现影子在更长一段时间会发生什么变化，比如，从秋天到冬天或从冬天到春天这样长的一段时间？

在接下来关于具体方法的部分，我们将要讨论如何使用日晷收集数据来回答上述问题。

本章最后这部分讨论数据收集的具体方法，在此过程中会遇到很多设计上的问题，因此你在做实验之前一定要有心理准备。孩子们可能会想要用一棵实实在在的树来做实验，因为奇克丝正是因为利用树影才遇到麻烦的。然而，冬季太阳在天空中的方位较低，树太高的话投射的影子就会太长，影子可能会被教学楼、灌木丛或栅栏等障碍物阻断，给测量工作带来困难。你应当向学生们解释，由于我们不知道影子究竟是否会发生变化或最终变成什么样子，所以我们最好在一片空旷区域中央选择一棵较矮的树木或其他物体，这样在实验过程中才能够惊喜不断，却又不至于给数据收集带来麻烦或困难。你有可能想让学生各自去寻找自己的实验地点，然而由于研究周期很长，这种错误做法不仅会毁掉所收集数据的价值，而且会让学生失去继续做实验的动力。避免这种错误的一个方法是，你可以让学生挑选几个地点，每个地点各派几名学生组成团队进行观察。即使一个地点出了问题，还有其他地点可以照常进行研究。然而，所有团队都应当就如何收集数据统一观点，只有这样收集到的数据才能拿出来做比较，这一点非常重要。在对奇克丝的故事进行讨论之后，孩子们应当知道如何着手设计收集数据的具体方案，以此回答他们面临的各种问题。

收集阴影数据的传统方法之一是利用日晷。我们把一根棍子垂直插在地上或者插在一个与地面平行的平面上，这根棍子就会产生影子。棍子阻挡太阳的光线并把棍子的阴影投射到地面上，阴影形状跟棍子相同。在白天随着时间渐渐流逝，影子会出现两种变化：当太阳在天空中的方位变得更高或更低，影子长度也会随之变得更短或更长；当太阳在天空中从东方向西方运动的时候，影子方向也会随之改变。根据太阳所处的方位不同，影子长度与棍子本身长度相比可能更短、相等或更长。需要注意的是，影子投射的表面必须保持水平，不能是波状或者倾斜。当然，只要每次测量影子都在同一个地点进行，所得结果就具有可比性。然而，如果日晷的位置每天不固定（这种情况经常会发生），那么保持投射影子的表面处于水平状态尤为重要。你也可以拿一张纸铺在木板上，把棍子固定在纸的中央，这样，影子将会投射到纸上，你可以用铅笔或水笔在纸上做标记。需要注意的是，铺纸的木板必须保持水平而不能倾斜。

如果你是用木板制作日晷，那么每次使用的时候应当注意让木板方位保持不变。我的意思是说，你可以借助指南针来确保木板方位始终如一。如果你想上一节真正精彩的课堂讨论课，就应当问问学生每天确保木板方位始终如一是不是很重要。晷针长度应当跟牙签那样，这样，高纬度地区冬天晷针影子最长的时候也不会超出纸的范围。你或许想在晷针上面加一个三角形，让它看上去就像一棵松树，这样就跟本章的故事吻合了(参见 15.2)。

15.2　树日晷

低年级学生可以利用纱线(或细绳)测量阴影的长度，然后将纱线粘贴在纸上做成图表。务必在图表上仔细标注日期和时间。你还可以让学生把观察记录写在科学笔记本上。对那些能力较强的学生而言，你可以让他们在每小格 1 厘米见方的坐标纸上把测量结果画出来，并比较阴影的长度和方向。如果你们把观察结果记录在幻灯片上，就可以把不同日期和时间的幻灯片叠放起来比较阴影的长度和方向。在不同日期对阴影做记录时最好使用不同的颜色，这样比较起来要容易得多。

10 月至 5 月影子长度表

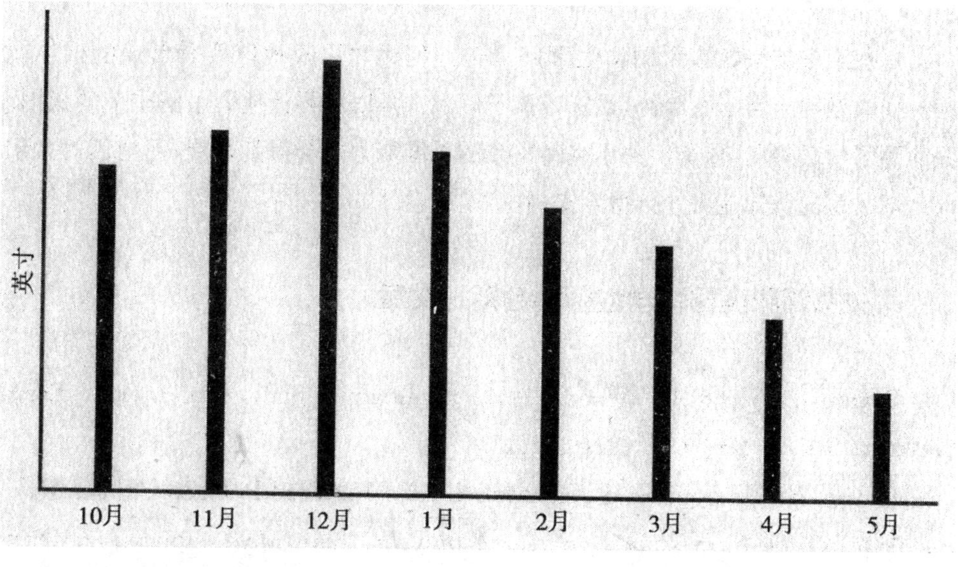

孩子们将会发现，在较短或较长时间段内，阴影会表现为几种变化模式。就物体遮挡阳光而产生的阴影而言，你可以让学生列出观察清单，他们可能会得出如下结论：

- 影子每天都会发生变化，日期不同变化也不同。
- 影子方向总是跟光源方向相反。

- 影子在清晨和黄昏时候最长。
- 影子在中午时分最短。
- 影子在一天之中长度由长变短，再由短变长。

高年级学生可能会增加如下结论：

- 影子在上午指向西方，在下午指向东方。
- 与一些人预期的相反，在赤道以南或以北纬度高于 23.5 度的地方，一天中太阳没有直射的机会，因此物体不可能没有影子。
- 影子最短的时间未必总是在正午。影子最短的时间是在日中，也就是日出与日落的中间点（通常被称为“地方正午”）。
- 随着一年内季节更替，影子的长度和方向随时都在发生变化。

这些观察结果能够帮助学生理解天体如何运动以及地球四季形成的根本原因。作为老师应当耐心等待，最好等孩子们上中学以后再让他们了解季节的成因。只有到了中学阶段，孩子们关于空间关系的思维能力才会得到发展，而他们对太阳与地球关系的认知能力才会得到提高。

相关书籍和美国科学教师协会期刊文章

Bogan, D., and D. Wood. 1997. Simulating Sun, Moon, and Earth patterns. *Science Scope* 21 (2): 46 - 47.

Driver, R., A. Squires, P. Rushworth, and V. Wood-Robinson. 1994. *Making sense of secondary science: Research into children's ideas*. London and New York: Routledge Falmer.

Keeley, P. 2005. *Science curriculum topic study: Bridging the gap between standards and practice*. Thousand Oaks, CA: Corwin Press.

Keeley, P., F. Eberle, and L. Farrin. 2005. *Uncovering student ideas in science: 25 formative assessment probes*, volume 1. Arlington, VA: NSTA Press.

Keeley, P., F. Eberle, and J. Tugel. 2007. *Uncovering student ideas in sci-*

ence: *25 more formative assessment probes*, volume 2. Arlington, VA: NSTA Press.

参考文献

American Association for the Advancement of Science (AAAS). 1993. *Benchmarks for science literacy*. New York: Oxford University Press.

National Research Council (NRC). 1996. *National science education standards*. Washington, DC: National Academies Press.

第十六章
最冷的时候

大沼泽地国家公园护林员鲁迪负责一个名为“走进荒野”的项目。在这个项目中，鲁迪需要招募佛罗里达州迈阿密地区的不同家庭前来大沼泽地国家公园露营两晚，主要招募那些从来没有到过国家公园或者没有野外露营经验的家庭。找到符合这一条件的家庭并不难，难的是如何说服他们体验一下野外生存的乐趣。孩子们往往害怕荒野夜晚一片黑暗、野兽出没，甚至一些成人也不例外。最后，鲁迪终于找到一个愿意露营的家庭，成员有妈妈、爸爸和两个孩子——哥哥吉恩和妹妹萨莎。

当他们到达公园时，妈妈说她前一天晚上一夜没合眼。她为孩子们感到担心：他们会喜欢这样的经历吗？他们会安全吗？他们了解沼泽地国家公园后还想再去露营吗？

一家人在游客中心停车场见到了鲁迪。他们根本没有自己的露营设备，所以鲁迪为他们准备了望远镜、食物、炊具、水壶、睡袋以及帐篷等。此时正值旱季的一月份，但是夜间可能会变得很冷，因为迈阿密很少出现寒冷天气，一家人并没有准备多少御寒衣物，所以鲁迪给他们每人都配备了暖和的睡袋和夹克。

一家人花了一整天时间在国家公园里观赏了鸟、龟、鱼以及鳄鱼等动物之后，鲁迪帮助他们在营地搭建帐篷。周围还有众多其他游客，因此一家人感到很安全。他们生起了篝火，把棉花糖和热狗烤着吃，不知不觉就到了睡觉的时间。天黑时间大约是下午五点半，而第二天太阳升起时间大约是早上六点。

"如果午夜天气变冷，我能过来跟你们挤一挤吗？"萨莎对父母说。

"当然，"爸爸说，"只要不是早上太早就行。"

"哦，不会的，"吉恩说，"因为最冷的时候是在午夜前后。"

"我敢打赌，早上三点左右最冷，"萨莎说，"那时*真的*很早，是不是太早了？"

"嗯，我说的早些时候是指日出前后，"她爸爸说，"早上起来喝咖啡前我睡得正香，那时候别来敲我的门。"

鲁迪插嘴说："你们认为今夜室外什么时候最冷，午夜、凌晨三点还是日出时分？"

萨莎说是凌晨三点。吉恩坚持说是午夜，而爸爸认为应该是日出时分。妈妈已经钻进了睡袋，对此毫无头绪。她一心只想把帐篷密封得严严实实，以防小动物钻进去。

鲁迪说，找出正确答案肯定会很有趣，但是他们如何才能做到呢？

"明天再说吧。"萨莎的爸爸说。说到就要做到，第二天早上全家人一边在火堆旁摊煎饼吃，一边商量着如何去做。

目的

这则故事的目的是帮助学生了解地球的热量来源。当然,这个来源就是太阳,太阳光线照射到地球上某个特定地点时,只会给那个地点的温度产生影响。这则故事的另一个目的是激发学生设计一种方法,用以找出正常情况下当地最低温度出现在一天的什么时候。

相关概念

- 太阳能
- 热能
- 天气
- 温度
- 辐射冷却
- 气候

不要惊讶

你的学生可能没有意识到,晴朗的夜晚存在辐射冷却现象,会让热量离开地球表面。学生有可能认为午夜“巫术时间”(witching hour)有某种神秘的含义,或者认为午夜过后太阳就已经开始给地球带来热量。我们还发现,很少有学生能够认识到,在地球任何一个地方,即使太阳已经出现在地平线上,它仍然需要一段时间在空中上升到一定高度后才能给地球带来温暖。

内容背景

大多数学生和成人都认为太阳是给地球带来温暖的热量来源。我们从电视天气预报经常听到辐射冷却这个词,知道晴朗的夜空因为没有云层,所以能够让地球的热能畅通无阻地辐射到外太空。这个简单的热力学定律是我们生活的重要组成部分,我们不难理解“热量一般是从温暖的地方向寒冷的地方转移”这一概念,然而,正如本故事描述的那样,我们很难预测热量什么时候返回地球。因为日出标志着“太阳”这个热源出现,有人自然就会认为气温立刻就会升高。然而,只要你在日出时到户外感受一下，就会知道尚需一段时间之后气温才能升高。要让气温产生明显变化，就需要大量太阳直射光线，而很多人并不理解这一点。

太阳光线要让气温产生明显变化，就必须在空中上升至一定的高度。研究人员通过对每小时气温上升幅度测量发现，气温在上午几个小时内增加速度缓慢，通常要到下午才能达到峰值，也就是说，如果天气晴好，随着白天时间推移地球表面吸收的热量比其辐射出去的热量多，因此逐渐变得暖和。这就意味着，地球在不断接收热量的同时也在释放热量。由于中午太阳入射角度较高，地球接收的热量超过释放的热量，这种情形有时甚至持续至日落，日落以后地球会逐渐失去热量。

有些地方一到冬季就冰霜覆盖大地，人们对辐射加热现象并不陌生。在晶莹剔透的冰封地面上，我们能够看到树木、电线杆及其他物体的阴影。随着太阳逐渐升高，地上的冰霜开始融化，而这些阴影部分被树木等遮挡了光线变成了我所谓的“霜影”。因此，这些洁白的“阴影”是由于太阳辐射不足造成的。随着越升越高的太阳角度和方向逐渐改变，白色的霜影慢慢消失。这一现象表明，造成地球表面温度升高的主要原因是太阳光线，最终把冰霜融化。这一现象也表明，地球表面温度升高需要一定的时间，因此冰霜不会马上融化。这一现象还表明，太阳光线的强度在角度较低时不如角度较高时强。

我们能够观察到，由于太阳升起以后在空中逐渐向西南方向运动，最终在西方落下，而随着太阳方位逐渐改变，白色霜影沿着顺时针方向逐渐消失。阴影越宽，这一现象就越明显，我们甚至可以据此测量太阳运动的方向和速度。我们可能会注意到，大树阴影比小树或电线杆阴影消失的速度慢。“霜影”出现与消失的时间非常有利于学生观察，每天旭日东升、学校开始正常上课的时候，地面上的冰霜尚未融化，你的学生有充分时间对霜影进行观察并展开热烈讨论。

在讨论过程中，有人可能会提及关于气候的话题。学生可能会说：“气候是你心里期待的情形，而天气是你实际见到的情形。”气候模式受到诸多变量影响，例如海拔、纬度、水域、风、降雨及其他条件，观察记录周期至少为 30 年。气候类型有沙漠、雨林、云林、热带以及苔原气候等。南佛罗里达州属于亚热带气候，而处于同纬度的世界其他地区多为沙漠，例如索诺兰沙漠、戈壁滩或撒哈拉沙漠等，导致这里与其他地区气候模式不同的原因在于，南佛罗里达州三面环海并且有暖流经过，由此导致该地一年分为雨季和旱季两个季节。这里被划分为亚热带，因为热带通常是指北纬与南纬 23.5°以内的地区。南佛罗里达州的纬度大约为北纬 25°，因此，这里既有异常炎热的热带天气，也会出现霜冻，甚至会遭遇长时间寒冷天气，例如刚刚过去的 2009—2010 年冬季。不过，这种异常寒冷的天气非常罕见，100 年间仅会出现一到两次。

就某个地区而言，气温在一天之内可能会出现大幅波动。例如，在沙漠中，夜间温度可能降至冰点(32 华氏度)以下，而白天温度可能飙升至 100—200 华氏度。本故事描述说最低气温出现在黎明时分，正好符合这种情况。但是，如果一个地方被群山包围，那么只有等到太阳上升的方位高出山顶，才能把温暖的阳光洒向大地。

"辐射"或"辐射冷却"是指地球通过长波(红外)辐射失去热量的过程，与太阳通过短波或"可见光"给地球带来的热量相互抵消。地球的冷却过程非常复杂，与对流(气流)、蒸发以及其他因素(地理因素等)相关。地球辐射冷却每时每刻都在发生，然而在晴朗、无风、干燥的夜间等情况下最为剧烈。

《国家科学教育标准》(国家研究委员会，1996)的相关内容

幼儿园—4 年级：天空中的物体

- 太阳为地球提供必要的光和热，以保持地球温度稳定。

5—8 年级：能量转移

- 太阳是造成地球表面各种变化的主要能量来源。太阳通过发出光线来释放能量。太阳光的一小部分照射到地球，把能量从太阳转移到地球。到达地球的太阳光由一系列不同波长的光线组成，包括可见光、红外线和紫外线等。

5—8 年级：太阳系中的地球

- 太阳是造成地球表面出现各种现象的主要能量来源。

《科学素养基准》(美国科学发展协会，1993)的相关内容

幼儿园—2 年级：能量转化

- 太阳给大地、空气和水带来温暖

3—5 年级：地球

• 天气时刻发生变化，我们可以使用温度、风向和风速、降水等可测量的数值加以描述。

6—8 年级：地球

• 地球表面某个地方的温度在某一天内或某一年间往往上下波动，其波动趋势可以预测。

6—8 年级：能量转化

• 热量可以通过原子碰撞在物质之间转移，或者通过辐射在空间中传播。

在幼儿园—4 年级中使用这个故事

最好的做法是，首先应当让低年级学生了解温度计的常识：如何查看温度计的刻度以及温度范围。很多老师喜欢从探温贴条（thermal strip thermometer）开始，把这种变色贴条贴在前额可以显示体温。你可以用几个容器分别装满温度不同的水，注意温度应当控制在学生感到舒适、安全的范围内。让学生把手浸入水中，然后让他们把自己的感觉与温度计显示的数值进行比较。这样，“凉爽”和“温暖”这两个概念就与具体数值挂上了钩，学生可能会认识到，温度计显示的数值比他们自身的感觉更加精确。

为了让学生了解太阳能量的威力，你可能需要购买一些便宜的彩色画纸，它们在阳光照射下容易褪色。如果天气晴好，把画纸放在阳光能够照射到的地面或桌子上。让学生把碟子或积木等物体放在纸上遮挡阳光，甚至把碟子或积木换成卡通人物剪纸（这样就把艺术教育融入科学课程之中）。画纸经太阳照射几个小时后会褪色，而被物体覆盖的地方则会留下物体的轮廓（影子）。这可能导致学生提出如下问题：

• 如果晴天在室内窗户玻璃上做这个实验，物体是否也会在玻璃上留下自己的形状？

- 阳光在下午是否比上午给物体留下阴影的速度更快？
- 阳光在下午是否比上午给物体留下的阴影更暗？
- 在一年中不同时间，阳光给物体留下的阴影是否不同？
- 你的影子长度发生变化时，不同物体的影子形状发生怎样变化？

你可以教学生制作“温度计冰棒”（把温度计插入冰块里），他们看到后肯定会感到新奇有趣。具体做法是，把温度计的球部一端插入冰块里，把显示温度的一端当成“冰棒”把手。你们可以观察到，即使冰块逐渐融化，温度计显示的温度始终为0度。这样，孩子们在感受冰块“冰冷”的同时，也能看到它的具体温度是多少。

在5—8年级中使用这个故事

这个年龄段的孩子已经能够熟练运用互联网等大众传媒收集相关信息来解决故事中提出的问题。互联网非常有用，因为学生不大可能长时间坚持每天（白天和黑夜）每隔一小时记录温度数据（这样的要求也是不合理的！）。学生可以把几周内的逐小时观察结果记录在科学笔记本上，根据观察到的温度变化模式得出某些结论。

你可以把《了解学生的科学想法》（第四册）中的“露营之旅”当作一个引子，该探究案例能够充分调动学生的积极性（Keeley and Tugel，2009）。你可以在学生进行实验之前利用该案例对学生进行评估，也可以在实验结束后用作评估工具。

生活在热带以外的孩子们对室外温度的季节性变化非常熟悉，尽管如此，他们对“最低气温出现在黎明时分”这一结论依然会感到惊讶。你可以让学生使用手电筒和纸做一个实验。在暗室里，学生拿着手电筒垂直向下（代表中午时分的阳光）照射一张纸，用笔把照亮的区域圈起来。然后，把手电筒倾斜一下（代表黎明时分的阳光），再用笔把照亮的区域圈起来。他会发现，光线在倾斜情况下比在垂直情况下照亮的区域面积大。这一现象说明，太阳在黎明时分照射到地球上的区域面积相对较大，因而每一个地点接收到的热能相对较少。你也可以让学生使用加热灯和温度计做类似的实验，分别使用加热灯以倾斜角度与以垂直角度照射温度计，就会发现在前一种情况下温度上升相对较慢。

学生通过对实验数据进行分析，得出（一般而言）温度在黎明时分最低的结论，此时我们的故事就可以结束了。爸爸的担心不无道理，等到黎明两个孩子感到寒冷的时候肯定会去“敲他的门”。

如果有学生提及气候的话题，上述内容也能给你提供一定的帮助。这则故事未必涉及那么广泛的内容，不过，气候以及气候变化造成的种种结果往往都会激发学生的强烈兴趣。

相关书籍和美国科学教师协会期刊文章

Keeley, P.2005. *Science curriculum topic study：Bridging the gap between standards and practice*. Thousand Oaks, CA：Corwin Press.

Keeley, P., F. Eberle, and C. Dorsey. 2008. *Uncovering student ideas in science: Another 25 formative assessment probes, volume 3*. Arlington, VA: NSTA Press.

Keeley, P., F. Eberle, and J. Tugel. 2007. *Uncovering student ideas in science: 25 more formative assessment probes, volume 2*. Arlington, VA: NSTA Press.

Keeley, P., and J. Tugel. 2009. *Uncovering student ideas in science: 25 new formative assessment probes, volume 4*. Arlington, VA: NSTA Press.

Konicek-Moran, R. 2008. *Everyday science mysteries: Stories for inquiry-based science teaching*. Arlington, VA: NSTA Press.

Konicek-Moran, R. 2009. *More everyday science mysteries: Stories for inquiry-based science teaching*. Arlington, VA: NSTA Press.

Konicek-Moran, R. 2010. *Even more everyday science mysteries：Stories for inquiry-based science teaching*. Arlington, VA: NSTA Press.

参考文献

American Association for the Advancement of Science (AAAS). 1993. *Benchmarks for science literacy*. New York: Oxford University Press.

Childs, G. 2007. A solar energy cycle. *Science and Children* 44 (7): 26－29.

Diamonte，K. 2005. Science shorts：Heating up，cooling down. *Science and Children* 42 (9)：47 – 48.

Driver，R.，A. Squires，P. Rushworth，and V. Wood-Robinson. 1994. *Making sense of secondary science：Research into children's ideas*. London and New York：Routledge Falmer.

Gilbert，S. W.，and S. W. Ireton. 2003. *Understanding models in earth and space science*. Arlington，VA：NSTA Press.

Keeley，P.，and J. Tugel. 2009. *Uncovering student ideas in science：25 new formative assessment probes，volume 4*. Arlington，VA：NSTA Press.

Konicek-Moran，R. 2008. *Everyday science mysteries*. Arlington，VA：NSTA Press.

Konicek-Moran，R. 2009. *More everyday science mysteries*. Arlington，VA：NSTA Press.

National Research Council (NRC). 1996. *National science education standards*. Washington，DC：National Academies Press.

Oates-Brockenstedt，C.，and M. Oates. 2008. *Earth science success：50 lesson plans for grades 6 – 9*. Arlington，VA：NSTA Press.

第十七章
结霜的早晨

清晨的第一缕阳光透过卧室窗户悄悄向里张望，八岁的安迪在床上翻了个身。外面肯定很冷，因为他看见小鸟都瑟瑟发抖地挤在给食器周围，扑棱着的翅膀下面仿佛穿了羽绒背心。小鸟给食器就挂在窗户外边的一棵树上，寒风吹得给食器摇晃不止，而小鸟们似乎把它当成了秋千。

“外面很冷，”安迪想，“风一吹天气更冷！风就是这样的。”

安迪的姐姐凯蒂九岁，住在这栋房屋另一侧的房间里，她醒来看到窗户宛如给冬天初升的太阳镶了一个画框。金灿灿的“窗画”令她精神焕发，和煦的阳光让整个房间倍感温馨。“多么美妙的一天，”凯蒂自言自语道，“我们今天能在室外做健身操了。”

早餐桌前，凯蒂和安迪一声不吭地喝着麦片粥。两个孩子从起床以来就磨磨蹭蹭，似乎需要一些时间才能让头脑清醒，恢复到正常状态。实际上，今天早上每个人都很磨蹭。妈妈睡过头了，两个慢吞吞的孩子刚刚迈出大门，还没走到自家的车道，校车就鸣着喇叭从远处的马路飞驰而过。

“妈妈，”安迪抱怨说，“我们错过了校车，现在怎么办？今天要在家待着吗？”

“没门！”凯蒂说，“我今天要参加一个集会演出，必须去学校。”

“恐怕我得开车送你们去了，”妈妈叹了口气，她昨天熬夜到很晚，本想在孩子们走后能多睡一个小时。“但是你们必须帮忙。我现在穿衣服，你们俩赶快跑去把汽车前后窗户玻璃上的霜刮掉。凯蒂负责后面的窗户，安迪负责前面的窗户。好好干！”

孩子们从汽车后备厢拿出刮刀开始干活。汽车停在车道前端一个“L”形的车棚内，这样，汽车的前部和两侧被主房和柴房包围，后部朝向车道。安迪挤进了房屋与汽车挡板之间的空隙，准备去刮前车窗。他能够听见凯蒂用刮刀在后车窗费力刮冰霜的声音。

“等一下，”他心中暗想，前面的挡风玻璃根本没有冰霜。“真是太酷了，”他心中窃喜。“凯蒂还在那里费力刮，而我这里的玻璃一尘不染。我还是不说为妙。”凯蒂来到车前看到前面的挡风玻璃干干净净，安迪再也忍不住笑出声来。

凯蒂立刻明白了是怎么回事。“不公平！”她大喊道，“你什么事也不用干。”

“对呀，”安迪狡黠地笑了，“希望你在车后面不要把自己累坏了。我把玻璃擦得这么干净明亮，妈妈肯定会喜欢的。你那边还乌七八糟的，赶快回去好好接着擦吧！”

就在凯蒂准备命令安迪到车后帮着擦挡风玻璃的时候，妈妈从屋里走出来，催促两个孩子快上车：“赶紧走，不然你们真要迟到了。”

“干得很好，孩子们，”妈妈说，“前面挡风玻璃尤其干净。安迪，你是怎么做到的？”

“很简单。”安迪说，他感觉凯蒂愤怒的眼神就像利箭直穿他的后脑勺。

“他什么都没干，”凯蒂嚷道，“前面的车窗根本就没有结霜。”

“那怎么可能？”妈妈问，“后车窗冰霜覆盖，前车窗干干净净？”

“肯定是太阳帮的忙。”安迪得意扬扬地说。

“汽车停的地方全是阴影。”凯蒂反驳说。

“要不然，就是这辆车的前端比后端更暖和。”安迪回答道。

“为什么？”妈妈问，“我始终认为，无论车停在什么位置，空气的温度都是一样的。难道不是吗？”

“车头靠近房子，”凯蒂说，“是不是与这有关？”

“房子竟然能有那么大的威力？”安迪问，“难道房子周围与院子里的温度不一样？”

“我想，肯定有办法找到答案，”妈妈说，“不过，当务之急是送你们去学校。”

目的

这则故事的主题可以用一个词来概括:微气候。你有没有注意到,你从广播或电视天气预报中听到的气温与你用温度计测量的实际气温有所不同?你有没有注意到,温度不同主要取决于你把温度计放在哪里?你有没有注意到,一些植物长势好不好主要取决于你把它们种植在院子里什么地方?这个故事突出强调了一个事实:一个地方所处的位置不同,其本身及周边环境温度与其他地方存在明显差异。由此产生的不同气候环境如同一个个孤岛,我们称之为“微气候”。读完这则故事,学生肯定会对“太阳给地球表面带来的热量具有差别加热效应”具有更深入的了解。

相关概念

- 大气层
- 太阳能
- 热量
- 融化
- 模式
- 质量
- 辐射
- 吸收
- 气温
- 气候
- 差别加热

不要惊讶

在上面“目的”一节里有好几个问题。如果你带着温度计出门,用温度计在你家和学校附近不同的位置测温度,肯定会惊讶地发现它们千差万别。你的学生可能会预测说,温度的差别可能达到两位数,但是很快就会知道实际差别最多只有几度。学生会惊讶地发现,房屋地基周围或裸露土壤表面的温度比其他地方高。学生可能会预测说,避风处比开阔地的温度高,但是他们可能不知道,远离地面的高空与接近地面的低空温度也不相同。

内容背景

气候可以被定义为“一个地区在很长一段时期的主要天气状况”。生活在沙漠地区的人们知道，白天炎热，夜晚寒冷，空气干燥，这种天气模式在一年中很少发生变化。生活在沿海地区的人们知道，空气潮湿，白天风从海面吹向陆地，而夜晚风从陆地吹向海面。生活在地球南北纬度较高地区的人们知道，冬季非常寒冷，而夏季非常炎热。生活在岛屿的人们知道，周围海水在一年中能够调节岛屿的温度和湿度。当然也有例外情况，比如暴风雨等会给任何地方带来极端天气，但是总体而言，一个地方的气候状况在几十年间几乎不会出现大的变化。在数百万年间，由于大陆漂移或火山喷发和流星撞击地球等大灾难，地球的气候状况可能会出现剧烈变化。但是，在几十代人的时间内，气候状况一般会保持稳定并且可以预测。

然而，在一个气候模式内往往存在很多微气候，可能影响到一个城市甚至一个国家。例如，圣弗朗西斯科由于距离海洋和暖流很近、丘陵密布、盛行风方向各异，因此市内不同区域存在不同的微气候。圣迭戈也存在类似的情况。城市是人造微气候活生生的例子。城市建筑物和街道大量使用混凝土，而混凝土能够吸收大量热能并以辐射方式释放到大气中。因此，城市往往比视野开阔的农村温度更高。红杉树国家公园(Redwood National Park)之所以坐落于加利福尼亚州，是因为海岸线微气候使得那里整日雾气缭绕，进而为高大的红杉树提供了必要的水分，因此这里成了红杉树的唯一生长地。你家或学校附近的微气候对周边环境影响可能没有这么大，但是，如果你愿意花时间对这样的微缩世界进行测绘调查，结果肯定会令你大吃一惊。

我与妻子在新英格兰有一个菜园，秋季几个月，我们在苗床上面添加了大约 50 厘米厚的肥沃黑土，然后在上面又覆盖了一层塑料薄膜。尽管 12 月出现几次严重霜冻，我们的生菜依然获得大丰收。也就是说，我们利用黑土和塑料薄膜建造一个小型温室，由此形成了一个微气候环境，即使夜间气温很低，它也能够使苗床比其他地方土壤温度高出好几度。

你肯定会发现，有些地方比另一些地方光照充足，而有些地方比另一些地方湿度大。所有这些因素都会影响当地的气候状况，如果你想为种植某种蔬菜找到一块合适的土地，就不得不考虑气候这个因素。我们往往认为，脚下的土地在温度、湿度以及气候条件等方面都是一样的，然而事实并非如此。我们从太阳照射地球的示意图中似乎可以看出，地球表面接收到的热量都是一样的，然而，地球表面各处的地形、地貌特征千差万别。我们身边的小环境也是如此。因此，安迪和凯蒂发现，尽管汽车停在车棚这个狭小的区域内，然而汽车周围的微气候也会因地点不同而存在差异，汽车前窗玻璃因为房屋提供的热量没有结霜，而相距仅三四米远的后窗玻璃冰霜覆盖。

我们在家里也能创造一个微气候环境：墙壁与房顶使用绝缘材料，安装加湿器增加室内空气湿度。我们通常把恒温器放在关键位置，使其能够记录室温变化并对供暖系统进行适当调节。我们不会把恒温器直接放在暖气片上，因为那样的话不能准确反映整个房间的平均温度。同样，我们也不会把恒温器放在天花板上或地面上。我们通常把恒温器放在跟视线齐平的位置，因为这是平时眼睛看东西的最佳状态。

从 20 世纪中叶至今，全球变暖问题逐渐成为人们瞩目的焦点。他们担心，由于工业迅猛发展和汽车数量剧增，大量“温室气体”（主要是二氧化碳）被排放到大气圈中形成一层看不见的薄膜，跟我们菜畦上面覆盖的塑料薄膜一样，造成大气平均温度缓慢但稳步升高。冰帽正在融化，人们担心融化的水会使海平面上升，淹没沿海地区，危及北极熊等动物物种。这一理论得到全球科学家的支持，如果事实果真如此，全球变暖将会引发全球气候发生巨大变化。

大多数天气现象都发生在大气圈的对流层，范围涉及从海平面到 13 000 米左右的高空，当然，有些风暴云能够突破这一高度。不过，就这则故事而言，我们关心的是仅地表以上一到两米的天气变化。

《国家科学教育标准》（国家研究委员会，1996）的相关内容

幼儿园—4 年级：地球和天空中的变化

• 天气随着日期和季节不同而发生变化。我们可以使用温度、风向和风速、降水等可测量的数值加以描述。

幼儿园—4 年级：天空中的物体

• 太阳为地球提供必要的光和热，以保持地球温度稳定。

5—8 年级:地球系统的结构

• 大气是由氮、氧以及微量气体(包括水蒸气)混合而成。海拔高度不同的大气具有不同性质。

5—8 年级:太阳系中的地球

• 太阳是造成地球表面出现各种现象的主要能量来源,例如植物生长、风、洋流和水循环等。

《科学素养基准》(美国科学发展协会,1993)的相关内容

幼儿园—2 年级:能量转化

• 太阳给大地、空气和水带来温暖

3—5 年级:能量转化

• 把较热物体和较冷物体放在一起,前者失去热量,后者吸收热量,直到两者达到相同的温度。较热物体可以通过直接接触或相隔一定距离使较冷物体变暖。

6—8 年级:能量转化

• 热量可以通过原子碰撞在物质之间转移,或者通过辐射在空间中传播。

在幼儿园—4 年级中使用这个故事

幼儿园—2 年级学生还很难读懂温度计。他们最常见的经历可能是看到成人拿温度计给他们量体温。在低幼儿童中使用这则故事,可以让他们有机会了解什么是温度计、热和冷是什么感觉以及热和冷是什么因素造成的。如果他们学会使用温度计,当然能够日复一日地坚持测量室内和室外温度,利用这些记录来研究温度读数变化的情况。低年级学生在使用摄氏温度计的时候可能会遇到麻烦[1]。如

① 美国主要使用华氏温度。——译者注

果孩子能够熟练使用双语，他们通常也能熟练使用华氏和摄氏两种温度计。你务必要让学生明白两种温度计的度数不同，只是因为它们各自的计量方法不同，而不是测量的温度不同。你不应当花时间教孩子两种温度的换算方法，只需要鼓励他们选择使用其中一种温度计即可。

学生很快就会发现，在阳光充足的地方，来自太阳的能量导致气温较高，而在背阴的地方，由于接收太阳的能量较少，所以气温较低。你可以趁机向学生讲解“太阳是地球热量来源”的概念，并让他们利用新学到的温度计知识对这一概念加以验证。每天记录气温变化是一项宝贵的技能，如果学生把这些数据与云、降水以及总体天气状况结合起来进行研究，效果当然更好。我们已经在三年级及以上年级的学生中使用这则故事，取得了良好的教学效果。

在 5—8 年级中使用这个故事

跟其他各章一样，本章也是从讨论故事的谜题开始。学生在日常生活中可能会与故事主人公一样遇到过类似情况。请学生谈一谈，他们认为不同地方的温度会有什么变化？你可以从中了解他们的实际想法。你可以这样发问：“导致车头和车尾温度产生巨大差异的原因是什么？”一旦他们把各自的想法写在“我们的最佳思维榜”以及科学笔记本上，你可以把他们的陈述“我认为……”改成问句形式，让他们通过实验加以验证。你也可以问一问：你们是否认为校园不同地方的温度各不相同，为什么这么认为，怎样才能找到答案？鼓励学生把自己的经验与你提出的问题结合起来，有助于他们制订一系列计划对校园进行实地测量。你也可以借此机会培养学生的绘图能力与测量技能，从而把数学教学和科学教学纳入教学大纲。一旦开始测绘工作，学生就有机会更加细致地观察校园，就他们认为哪些地方容易出现温差的原因提出假设。首先，大多数学生会把注意力放在阳光能够照射到的地方，因为这类地方升温明显。你可以提醒学生，故事中安迪和姐姐发现车棚里面并没有阳光照射，然而这么小的范围内同样存在温差。这样，学生可能会在校园里寻找类似车棚的地方，看看能否得到故事中的结果。学生在科学笔记本上记录所选研究地点的同时，应当把该地点的地形地貌、人造建筑等各种特征一并记录下来。例如，学生可能会注意到，如果阳光在上午持续照射建筑物的砖石或混凝土部分，那么等到下午即使阳光不再照射的时候，这些区域依然还很温热。如果这样的变量出现，那么你可以让学生收集各个地点在一天中不同时间的温度变化数据。

这也可能促使学生就不同材料吸热能力差异展开额外的调查，例如水、混凝土、沥青、土壤以及野草等。这些材料吸收热量速度快慢如何，储存热量时间长短如何？对这些问题进行深入研究，肯定会导致学生发现更多结果，也会遭遇更多问题。在阳光直射下，不同材料达到一定温度所需时间是否不同？过了一段时间后，一些材料是否比其他材料摸上去感到更温热？

应当谨记的是，我们应当把提出问题以及设计实验的主动权交给学生，让他们把整个过程如实记录在科学笔记本上。对学生做出的任何结论，你都应当让他们给出支撑材料。现在，他们想必已经准备好给这个故事续写结尾，而你也会见证他们逐渐成长的过程。

相关书籍和美国科学教师协会期刊文章

Driver, R., A. Squires, P. Rushworth, and V. Wood-Robinson. 1994. *Making sense of secondary science: Research into children's ideas*. London and New York: Routledge Falmer.

Keeley, P. 2005. *Science curriculum topic study: Bridging the gap between standards and practice*. Thousand Oaks, CA: Corwin Press.

Keeley, P., F. Eberle, and L. Farrin. 2005. *Uncovering student ideas in science: 25 formative assessment probes*, volume 1. Arlington, VA: NSTA Press.

Keeley P., F. Eberle, and J. Tugel. 2007. *Uncovering student ideas in science: 25 more formative assessment probes*, volume 2. Arlington, VA: NSTA Press.

Robertson, W. 2002. *Energy: Stop faking it! Finally understanding science so you can teach it*. Arlington, VA: NSTA Press.

参考文献

American Association for the Advancement of Science (AAAS). 1993. *Benchmarks for science literacy*. New York: Oxford University Press.

National Research Council (NRC). 1996. *National science education standards*. Washington, DC: National Academies Press.

第十八章
园艺大师

埃迪的母亲是一位专业园艺师。她在自己的公司“绿色满园”(Everything Green)声望很高。人们说，她能让植物在州际高速公路中间生长。这虽然是开玩笑，却也透露出人们对她的工作评价很高。有一天，正在外出工作的妈妈给家里打电话，埃迪拿起听筒。

“你好，埃迪，让克里听电话，我需要他帮我办点事。”妈妈说道。

埃迪把听筒拿给哥哥克里。十六岁的克里会开车，经常接到电话为妈妈跑腿，尤其是播种季节。

“你好，克里，我需要你帮个忙。你开着皮卡车去农用品店买两袋80磅的粗沙。注意是粗糙的沙子，颗粒较大的那种，”她强调说，“如果它们没有，你再去园艺店试试！我还需要一大袋泥炭苔。我现在在阿米蒂大街布朗太太家。你能马上就过来吗？”

“当然，妈妈，我半小时内就到。”克里说，克里可是个了不起的人物，因为他会开皮卡，还能做诸如此类的大事。他一边挂断电话，一边对埃迪说：“嘿，小弟弟。想跟我一起去看看大人物是怎么工作的吗？”

埃迪对哥哥嘲讽的话语置若罔闻，说愿意去。反正他没有其他事情好做，他想，如果能讨得哥哥的欢心，说不定哥哥还能给他买冰淇淋呢。

克里在农用品店买到了粗沙，然后前往园艺店去买泥炭苔。

“如果妈妈现在急用这些东西，她手头的工作肯定很棘手。”克里说。

“什么叫‘棘手’？”埃迪问。

“她可能挖下去后发现地下有很多黏土，需要重建那里的土壤。”

“怎么重建土壤？土壤难道不都是一样的吗？”

克里不耐烦地叹了一口气，让埃迪到了目的地以后直接问妈妈。埃迪果真这样做了。

“如果我发现一个花园的地里黏土太多，水分无法直接渗入土壤，那么我就需要重建那里的土壤，也就是通过添加一些东西让黏土变得比较松散，”妈妈解释说，“我给土壤添加粗沙，让水在土壤中容易渗透，然后再添加沃土和泥炭苔，让它们留住水分并增强土壤肥力。”

与此同时，克里正在把粗沙和泥炭苔拖到花园中。布朗太太平时习惯制作堆肥，所以堆肥箱里有大量现成的肥料。

妈妈把黏土挖出来，用铲子捣碎，加入粗沙、堆肥和泥炭苔，然后用耙子把土壤混合均匀。

“好啦，这样土壤就能够养活这株八仙花，让它开心了。”她气喘吁吁地说。

在回家的路上，埃迪问克里是否知道粗沙、泥炭苔以及其他东西都是从哪里来的。“我以为土壤都是一样的。”埃迪说。

“不一定，小弟弟。你最好去问妈妈。我只知道她对我说不要买细沙，我当时还在纳闷:‘沙子不都是一样的吗?’在这个古老的地球上肯定还有很多我们不知道的事情呢。我以为沙子就是……小石子,你懂的。也许不同的土壤来自不同的地方。也许沙子从海中被冲上岸的方式不同,因此变得很粗糙。”

埃迪一脸疑惑。这里没有海洋。沙子还有不同的种类?土壤也不相同?土壤也能重建?如果这些问题的答案都是肯定的,那么这些不同的东西都是从哪里来的,最终会到哪里去?沙子不都是一样的吗?土壤不都是一样的吗?土壤到底是什么,它又是从哪里来的?埃迪大惑不解!

目的

我的祖母是一位农民，她常常听人们谈论土壤并且称其为泥土。她的回答是："泥土是从别的地方过来的，而土壤是我们种庄稼的地方。"这则故事旨在激发学生探索风化作用和土壤形成过程的兴趣。如果我们观察细致入微、提问恰到好处，就会发现证据就在我们身边。埃迪提出的问题让我们恍然大悟，我们也希望学生能够提出自己的问题。最终结果是，学生应当能够对地球的物质构成及其来源有更深入的了解。

相关概念

- 岩石
- 风化
- 土壤
- 矿物
- 侵蚀
- 分解

不要惊讶

很多学生和成年人都跟埃迪一样有过类似的疑问。"土壤不都是一样的吗?""土壤也能*重建*?"有些东西由于天天都能见到，我们反而熟视无睹，从未想过为什么。我曾经到过英国康沃尔郡一个沙滩，坐在"沙子"上一边欣赏周围的美景，一边悠闲地看着沙子从我的指尖流过。当我最终意识到这些所谓的"沙子"是由普通沙子与数年前海洋生物遗留的微小外壳构成的，你可以想见我当时是多么惊讶。我在想，有多少人来到这个海滩，却从未想过他们是躺在贝壳上沐浴阳光。当孩子们开始利用放大镜或显微镜对沙子和土壤进行仔细观察分析时，他们才会从中发现问题。我们对土壤和沙子的存在感到理所当然。孩子们如果对采自不同地方的沙子样本进行筛选分析，就会发现这种常见物质含有诸多神奇的有机物和无机物，他们心里该是多么惊讶。这些物质包括：微小的石子和矿物；已死生物的骨骼；活着的微生物；还有一个一年级的孩子非常兴奋地对我说："我发现了一片鸟爪子上的指甲！"

这些发现自然会激发学生思考：石头、矿物究竟是如何变得这么微小的呢？这一问题会把他们引入一个错综复杂的科学领域：风化、侵蚀、分解、土壤形成以及这些过程对地球历史发挥的重要作用。一些儿童和成人不懂分解作用以及有机物质重返土壤的过程。他们认为，苹果掉到地上以后就消失不见或奇迹般地变成了泥土。通过探索故事中的问题，或许能够提高他们对“土壤”这一人类共同财富的认识。

内容背景

石头是由矿物构成的。什么是矿物？简单地说，矿物就是既非动物又非植物的物质。[还记得游戏“二十个问题”(20 Questions)里有这样一个问题“这是动物、植物，还是矿物?”吗]科学家相信，在地球数十亿年的历史中，一个被我们称为“岩石循环”的过程已经发生了无数次。地球形成之初，火山活动异常频繁，火山喷发的岩浆形成岩石，而岩浆里含有各种各样的矿物质。经过若干年时间，地球逐渐冷却下来，留给我们的是一个表面到处覆盖着冷却岩浆（火成岩）的光秃秃星球。这种情形至今在夏威夷岛（又称大岛）依然存在。最初，海底火山喷发岩浆形成夏威夷群岛，这些岛屿浮出水面后，火山继续喷发造成包括大岛在内的岛屿面积不断增加。事实上，在夏威夷岛东南方向的海底，由于火山喷发，还有一个岛屿已经初见雏形，再经过几个世纪，它浮出水面后将会变成另一个夏威夷。

地球充分冷却后，水能够以液态形式存在，形成海洋和湖泊，水循环（参见第十四章的故事“小帐篷哭了”）可以使地面上的水蒸发到空中，转化为雨水重新降落下来。由火山喷发形成的山脉在风化作用下逐渐分崩离析，水能够顺着山坡流下来，挟裹着山脉崩解的碎片流入湖泊、河流及大海，这一过程被称为“侵蚀”。由于很多人都认为风化和侵蚀是一回事，让我们首先看一看这两个过程有什么区别。

“风化”这个术语是指岩石和矿物崩解与变化的过程。这一过程通常发生在地球表面，主要有三种类型：化学风化、物理风化和生物风化。

当岩石经历化学风化时，岩石中的很多矿物将会发生变化。雨水中的酸可能会与矿物发生反应，或者雨水与岩石发生反应生成酸。有些矿物中的化合物和原子能够在水中溶解，从而脱离岩石，或者，氧气也能够使得岩石中的矿物更容易剥落。气温越高、环境越潮湿，化学风化过程就越快。

当物理风化发生时，岩石因受到下列作用而变成碎片：碰撞或碾压；由于岩缝中的水反复结冰或融化，导致水的体积反复膨胀或收缩；差别加热或冷却；等等。这些过程导致岩石表层受到磨损或从基岩剥落。冰川也能起到碾压作用，数千年前是这样，现在有冰川的地方依然如此。物理风化与化学风化往往不同时发生。

生物风化是指岩石和矿物在生物作用下分崩离析。例如，岩石颗粒经过蚯蚓消化道之后会被分解。穴居动物能够给岩石施加压力，或者把岩石带到地球表面以后受到其他外力作用。细菌和真菌分泌的化学物质能够对岩石产生化学风化作用。植物正在生长的根能够对岩石产生巨大的作用力。或许你和学生都曾见到过水泥路面被树根撑起或撑裂的情景。细胞呼吸产生的二氧化碳与水结合生成酸，而酸能够引起化学风化，最后把石头与矿物的表面逐渐腐蚀殆尽。

这些过程只是把大块岩石变得松动或分裂成小块，为侵蚀过程做好准备。随着小块岩石变得松动、从基岩脱离，它们能够移动。由于重力作用，小块岩石通常会向下方移动。侵蚀的定义为“岩石或土壤颗粒在水、空气或冰等物质作用下沿着斜坡向下移动”，在这个过程中容易形成沟渠等。如果一小块岩石在基岩上变得松动，但是依然原地不动，那么这是风化。科罗拉多大峡谷则是由风化与侵蚀共同作用形成的。化学、物理和生物风化作用促使科罗拉多地区的岩石发生松动，而科罗拉多河挟裹着松动后的小块岩石沿着山坡向下移动，在乱石中间切削出深度达一英里的大峡谷。

峡谷中原来那些岩石逐渐随着水流进入海洋，最终在异地被冲上了海滩。世界上大多数海滩的沙子主要成分为石英——地球表层最常见的矿物质。这些微粒(以沙子形式)分层沉积下来，在上面地层压力和热量共同作用下被掩埋、加热，最终变成沉积岩。沉积岩可能会被再次风化，或者被进一步掩埋、加热与挤压形成变质岩。动植物在海洋里度过一生之后，它们的遗骸逐渐沉积下来，如果在没有暴露于海面之前就受到压力作用的话，将会变成石灰岩，最终变成大理石。随着地质构造运动永无休止地继续进行，一些地方隆起形成山脉，把新生成的岩石带到山顶，这一过程循环往复。今天这种情形依然存在，而我们只能看见构造运动的结果，因为这一过程极其缓慢，在几十代人的时间里也看不出明显变化。构造过程产生我们现在看到的岩石、矿物以及土壤等，它把各种物质从一个地方循环到另一个地方，而整个循环过程将来还会继续下去。

不过，我们能够亲眼看见一个过程正在进行：土壤如何形成以及肥力如何补充。岩石和矿物的颗粒变得越来越小，与死亡的动植物残骸混杂在一起，被土壤中的细菌、真菌、苔藓以及体形稍大一些的动物（例如蚯蚓和昆虫）等分解者进一步分解成它们的基本组成部分。打个比方，土壤是一个活着的有机体，始终在发展变化，并及时补充营养，这样，植物才能够在土壤中生长并从这个母体中获得生长所需的养分。每当生物死亡进入土壤以后，它就会被分解者分解成为基本成分，从而保持土壤的肥力。埃迪的妈妈说客户制作堆肥，因此可以给土壤增加肥力。客户只是把垃圾中的蔬菜类物质放进一个装有水、土壤和微生物的容器中，微生物能够把蔬菜分解掉。堆肥的人等于是在给土壤中的微生物喂食，而微生物把蔬菜分解成为其他植物需要的营养成分。请记住，这些营养成分并不是食物，但是含有铜、镁、钾、磷、钙以及氮等植物生长不可或缺的元素。园丁们经常给土壤添加含有这些必要元素的肥料。这些肥料被错误地称为"植物的食物"，但是它们更像我们为了补充营养而服用的维生素和矿物质。既然植物是生产者，它们能够生产自己所需的食物，因此，把肥料称为"食物"是不恰当的，容易引起误解。

土壤主要有三种类型：沙土、粉土和黏土。土壤中除了有生物之外，还有大小和结构不同的岩石与矿物颗粒。沙土的颗粒较大，颗粒之间空隙也较大，透水性极好，因此很难留住水分和溶解矿物质。粉土的颗粒较小，只有使用显微镜才能看见，是经过物理风化形成的。粉土即是人们常说的尘土，能够被风吹到数英里之外。

黏土主要是经过化学风化、由板结在一起的微小颗粒组成，只有使用电子显微镜才能看见。黏土透水性极差，而且常常分层，植物很难在其中扎根。

土壤具有自己的质地和结构。土壤质地取决于沙土、粉土与黏土所占的比例，由占比最大的那种土质决定。你很难改变土壤的质地，但是可以改变土壤的结构，也就是改变不同类型土壤的内部安排。埃迪的妈妈通过添加泥炭苔等有机质帮助土壤留住水分，通过添加堆肥给土壤增强肥力，通过添加沙子改善土壤透水性，从而改变了以黏土质地为主的土壤结构。适于作物生长的肥沃土壤疏松、透气、吸水，植物容易生根发芽，从土壤中汲取必要的水和养分。肥沃土壤不会板结成巨大的硬块。埃迪的妈妈在重建土壤结构的过程中恰恰做到了以上几点。

《国家科学教育标准》(国家研究委员会,1996)的相关内容

幼儿园—4 年级:地球和天空中的变化

• 地球的表面始终处于变化之中。有些变化是由于风化和侵蚀之类的缓慢过程造成的。

幼儿园—4 年级:地球物质的属性

• 地球物质是指坚硬的岩石、土壤、水以及大气中的气体等。不同物质具有不同的物理性质和化学性质,因此具有不同的用途,例如,有些物质可以被用作建材,有些可以被用作燃料,有些可以被用来种植供我们食用的植物。地球物质为人类提供了很多必不可少的原材料。

• 土壤具有各种属性:土壤具有不同颜色和质地;能够留住水分;能够养活各种各样的植物,其中包括供我们食用的植物。

5—8 年级:地球系统的结构

• 土壤由风化岩石以及动植物残骸被分解后产生的有机质构成。土壤往往存在不同层次,每个层次具有不同的结构和质地。

• 地形是建设性力量与破坏性力量共同作用的结果。建设性力量包括晶体变形、火山喷发以及沉积物沉积等,破坏性力量包括风化和侵蚀等。

• 地球固态物质的一些变化可以被称为"岩石循环"。地球表面的旧岩石经过风化形成沉积物,沉积物被掩埋、挤压与加热,重新结晶形成岩石。

《科学素养基准》(美国科学发展协会,1993)的相关内容

幼儿园—2 年级:地球的形成过程

• 岩石的大小和形状各异,砾石尺寸较大,沙子颗粒较小。

3—5 年级:地球的形成过程

• 波浪、风、水和冰对一些地方的岩石和土壤进行侵蚀,然后把它们在其他地

方沉积起来，有时候可能会因季节不同而分为很多层，由此塑造或重新塑造地球表面的形状。

• 岩石由不同的矿物质构成。小块岩石是因为基岩或大块岩石破裂与风化而形成。土壤一部分是由风化岩石构成的，另一部分是由动植物遗骸构成的，土壤中还含有很多生物。

6—8 年级：地球的形成过程

• 尽管风化岩石是土壤的基本组成部分，然而土壤的构成和质地以及土壤的肥力和抗侵蚀能力在很大程度上受植物的根、碎屑、细菌、真菌、蠕虫、昆虫、啮齿动物及其他生物影响。

• 地球表面有些变化过程非常短暂（例如地震或火山喷发），而有些却非常缓慢（例如山脉隆起或沉降）。地球表面的变化部分是由水和风长时间运动造成的，这一运动能够把山脉夷为平地。

在幼儿园—4 年级中使用这个故事

我建议，你在给学生朗读本章故事之前，可以首先使用《发现学生的科学想法》（第一册）（Keeley, Eberle and Farrin，2005）中的探究案例“海滩沙子”。通过这则案例，你可以了解学生可能会把什么样的前概念带到课堂上来，哪些前概念需要认真处理。

跟低年级学生共同探讨这个话题遇到的最大难点之一在于时间尺度问题。我们有多少人能够真正理解一百万年是个什么样的概念？更不用说 10 亿年了。对低年级学生而言，“高山也能变成平地”简直就是天方夜谭，但是，你可以让他们观察土壤或沙子等常见物质中的岩石和矿物颗粒。读完这个故事后，孩子们肯定很想看一看不同类的土壤和沙子。如果你有不同规格的过滤设备，就可以让学生通过过滤方式把大小不同的颗粒分开。然而，最有效的方法是，你可以让孩子们从自家花园或学校校园采集少量土壤作为样本，使用放大镜和牙签慢慢研究。你可能需要帮助他们学习如何使用放大镜，或者使用那种用三脚架固定的放大镜。使用放大镜的具体方法：应该把放大镜放在眼睛前面，拿着将要被观察的物体逐渐靠近眼睛，而不是把放大镜放在物体上面，然后用眼睛凑过去观察。根据我的经验，孩子们喜欢查看土壤里究竟有什么东西，并逐一辨认。当然，他们应当把这些观察写在科学笔记本中，配上大量插图，并对插图做出标记。学生通过对土壤进行分析后会发现，土壤是由很多不同成分构成的，其中包括：活着的生物和已经死亡的生物；水等无生命的物质；岩石和矿物的微粒；等等。

学生使用上述方法对沙子样本进行分析，同样能够取得丰硕的成果。你可以让学生在借助放大镜把"混在一起"的沙子按照颗粒类型不同进行分类，他们会发现，沙子是由各种各样色彩斑斓的小石子和矿物质构成的，这些叫不上名字的东西大小、形状、颜色和光泽各异。如果可能的话，你可以尝试从几个不同地点采集沙子样本。尽管沙子的主要成分是石英，但是不同地点的沙子颗粒可能尖锐，可能圆滑，也可能呈粉末状。如果你能弄到珊瑚沙、绿沙或黑沙，就能看出它们存在明显区别。有些沙子里面甚至可能夹杂着些许贝壳碎片。把这些微小的沙粒与那些含有相同矿物和晶体成分的大块岩石放在一起对比，通常就会让学生明白沙子究竟是从哪里来的。在讨论过程中，你应当提醒学生注意，他们在自然界看到的沙粒、岩石以及巨砾都是一个整体的不同组成部分。花上 10 分钟时间到野外寻找岩石和矿物，这样的探索活动完全值得尝试一下，它可以拓宽学生的视野，帮助他们充分理解岩石与更大地貌特征之间的联系。关于这种联系，你可以解释说巨石变成细沙需要很长的时间。对年幼的孩子而言，这是他们理解变化过程所涉及时间尺度的第一步。

三、四年级学生也能够从上述活动中获得益处。你可以要求学生记录的内容更复杂一些，让他们把各种岩石绘制出来。你可以让学生根据颜色、光泽和硬度等对岩石进行分类，指导他们如何区分火成岩、沉积岩与变质岩。学生通过对沙子和土壤进行初步探索，可以为他们在高年级进一步学习岩石和矿物的识别与分类知识打下良好的基础。

我建议，你可以把种子撒播到不同的土壤中，保持其他变量一致，看一看发芽率、发芽时间、植株的大小及长势有什么区别。年长一些的学生可以使用各种工具来测定土壤中影响植物生长的不同矿物数量。

在 5—8 年级中使用这个故事

我建议，你在高年级学生中间同样可以使用《了解学生的科学想法》(第一册)

(Keeley, Eberle and Farrin,2005)的探究案例“海滩沙子”。你还可以尝试该书中另一个案例“山脉年龄”,通过这些案例,你能够了解学生在上课之前对“岩石循环”已掌握的知识水平如何。

小学高年级和中学学生可能在低年级时已经学习过关于风化的知识。上述探究案例有助于了解学生在原有基础上取得了哪些进步。他们对“时间尺度”的认识可能比以前更深刻,但仍然需要通过认真探索来回答埃迪关于岩石、沙子及土壤的问题,并提出自己的看法。在《科学和儿童》杂志 2007 年 2 月号的一篇文章“伟大的科学”中,马克・吉罗德(Mark Girod)就如何帮助儿童理解大数问题提出了非常好的建议。他在每张纸上打出 1 万个圆点(在电脑上操作),然后展示给学生,让他们数一数、想一想,他们就能够很容易理解数量庞大究竟是什么样子。试想一下,如果印有 1 万个圆点的纸有 100 张[①],那么圆点总数就是 100 万个,这样,学生就能更形象地理解 100 万年是多长时间。

读完这则故事以后,你可能会让学生在调查研究的过程中填写“我们的最佳思维榜”,定期进行复查。这则园艺故事的主题旨在激励学生去了解地球上各种不同类型物质的状况。如果你很幸运,说不定班里会有一两个学生是“石头迷”(rock hound)。要是这样的话,你就可以从他们那里借来玉石打磨机,人们通常利用这种小巧的设备把岩石打磨成精致美观的艺术品。你可以利用这一设备把自然界需要花上千年才能完成的风化过程缩短为一节课甚或更短时间。你也可以从当地教地球科学的老师那里借一台打磨机。这种机器很便宜,你还可以从工艺品店买一台。

你需要提醒学生不应当纠结于地球的年龄问题,而应当着重比较取自不同地点的沙子有什么不同,或者比较不同类型的土壤有什么差异,甚至让他们调查一下不同土壤中的生物量(生活在土壤里的动植物总重量)有什么不同。

需要注意的是,有些学生可能来自基督教家庭,根据《圣经》的说法,他们认为地球只有 6 000 年的历史。作为老师,我们应当避免在科学与信仰之间引发争论,而应当换一种说法:科学关于年代的表述主要是基于科学实验和科学理论。我们没必要在科学课堂争论科学与信仰孰是孰非的问题,因为它们建立在两个完全不同的价值和理论体系之上。如果你认为合适,可以跟学生探讨一下科学的本质是什么。

---

① 原文为 10 张,应为 100 张。——译者注

你也可以尝试使用水桌(stream table),让学生在短时间内模拟流水对土壤和沙子的侵蚀与沉积过程。互联网上能够搜索到制作水桌的简易方案。应当向学生强调的是,水桌模拟的侵蚀过程时间很短,然而自然界中的侵蚀过程却需要很长时间才能完成。学生应当明白,虽然海啸、飓风或龙卷风等自然灾害能够迅速改变地貌,但是,峡谷的切削或魔鬼塔(Devils Tower)①的隆起等地貌形成过程往往需要数万年时间。水桌只不过是一个模型,用来验证岩石循环理论在较长时间尺度内是否适用。

"地貌特征的塑造与重塑需要很长时间",要让学生弄明白这一概念绝非易事。然而,掌握这一概念对学生而言格外重要,尤其是在人类拥有了改天换地本领的今天,人类因为无知或者为了自己的利益和贪欲,已经把地球表面很多地方弄得千疮百孔、面目全非。教会孩子牢记自己的责任,合理利用自然资源,这一点绝不会错。

相关书籍和美国科学教师协会期刊文章

Coffey, P., and S. Mattox. 2006. Take a tumble. *Science and Children* 43 (7): 33-37.

Driver, R., A. Squires, P. Rushworth, and V. Wood-Robinson. 1994. *Making sense of secondary science: Research into children's ideas*. London and New York: Routledge Falmer.

Gibb, L. 2000. Second-grade soil scientists. *Science and Children* 38 (3): 24-28.

Girod, M. 2007. Sublime science. *Science and Children* 44 (6): 26-29.

Keeley, P. 2005. *Science curriculum topic study: Bridging the gap between standards and practice*. Thousand Oaks, CA: Corwin Press.

Keeley, P., F. Eberle, and L. Farrin. 2005. *Uncovering student ideas in science: 25 formative assessment probes*, volume 1. Arlington, VA: NSTA Press.

Keeley, P., F. Eberle, and J. Tugel. 2007. *Uncovering student ideas in science: 25 more formative assessment probes*, volume 2. Arlington, VA: NSTA

① 魔鬼塔:位于美国怀俄明州,是一块巨大的圆柱体岩石。——译者注

Press.

Laroder, A., D. Tippins, V. Handa, and L. Morano. 2007. Rock showdown. *Science Scope* 30 (7): 32 - 37.

Levine, I. 2000. The crosswicks rock caper. *Science and Children* 37 (4): 26 - 29.

McDuffy, T. 2003. Sand, up close and amazing. *Science Scope* 27 (1): 31 - 35.

Sexton, U. 1997. Science learning in the sand. *Science and Children* 34 (4): 28 - 31;40 - 42.

Verilar, M., and T. B. Benhart. 2004. Welcome to rock day. *Science and Children* 41 (4): 40 - 45.

参考文献

Gibb, L. 2000. Second-grade soil scientists. *Science and Children* 38 (3): 24 - 28.

Keeley, P., F. Eberle, and L. Farrin. 2005. *Uncovering student ideas in science: 25 formative assessment probes*, volume 1. Arlington, VA: NSTA Press.

第十九章
拜尔山一日游

与落基山、内华达山相比，甚至与相对较小的新罕布什尔州怀特山相比，拜尔山只不过是一个小山丘。拜耳山海拔仅为 1 000 英尺。不过，晴天时，你站在山顶远眺，方圆 30 英里的美景尽收眼底。它被称作“拜尔山”，而不是“熊山”，因为山上光秃秃的[1]。

---

① 拜尔山英语原文为“bare”，本义为“光秃秃的”，与 bear(熊)读音相同。——译者注

在一个秋高气爽的日子，玛丽和克里决定攀爬拜尔山，从山顶欣赏新英格兰地区漫山遍野的片片红叶。她们带了一些三明治准备到山顶再吃，给小狗“车票”系好链子，然后踏上旅途。

在山脚下，她们看到那片铺满细沙、被戏称为“沙滩”的沙地。玛丽的低帮鞋很快就灌满了沙子，她向克里抱怨：“我很好奇这些沙子是从哪里来的？我不得不倒掉鞋里的沙子才能继续赶路，整条山路只有这一段是这样！”

“嗯，我知道，”克里回答，“你应该想想这里以前是不是有湖泊或河流，才会产生这些沙子。”

她们沿着陡峭山路向上攀爬了几分钟，来到楼梯一样宽大的巨石台阶。

“这还差不多！”克里一边说着，一边迈开大步踏着光滑、圆润的台阶向上走，“我敢打赌，这些大石头肯定是从山顶上掉下来的。”

“石头这么大，肯定不会掉到你的鞋里！”玛丽笑着说。

来到半山腰，他们遇到了这次爬山经常遇到的一种情况：登山主路向右边兜了一个大圈子后又继续向上延伸。而右上侧有一片碎石山坡看上去既松软又平坦，从那里抄近路过去后就接上了登山主路，她们估计步行需要10分钟。

“我们可以从那个山坡抄近路，能够节省大约五分钟时间，而且那里看起来不是很陡峭。让我们试试看？”克里问。

“我不知道，”玛丽回答，“那里看上去有点滑，可能会有危险。”

“来吧，姐姐，”克里催促道，“肯定很好玩！”

一点都不好玩！她们在碎石地面每向前迈出一步，至少要往回滑下去半步。她们的脚底老是打滑，似乎不听使唤，原本指望能够节省五分钟，结果却花了足足20分钟才跌跌撞撞地来到主路旁边的乔木以及灌木丛。她们不得不费力地抓住树枝才到达主路，此时已经累得气喘吁吁、汗流浃背。

“车票”正在山顶耐心地等待她们，它在攀爬的过程中没有遇到麻烦，不过，克里说它是利用“四爪驱动”才爬上去的。

“我承认，玛丽，你是对的。这一段路可真难走，山底下的沙子都没有这些石子麻烦。我很好奇它们是从哪里来的？”

“我想，如果山底的沙子是从山顶掉下去的，那么这些石子可能也是。但是，为什么石子会落在山坡这里，而且比山下的沙子大很多？”

“是的，下方山路也有很多石子，不过那里比较平坦，所以问题不大。”玛丽看了看说。

此后，她们决定不再离开主路，先是经过一段巨石丛生的路面，最后，距离山顶还有 100 米。最后这一段路虽然也散布着大量碎石，但是早已经被数以千计的登山者踩入土壤中，只露出一小部分。姐妹俩登上山顶，山顶是一块足有半个足球场大的巨石，她们站在那里远眺山谷的美景。石头缝隙中有很多水坑，“车票”急忙奔向这些天然饮水器，玛丽和克里则拿出自带的瓶装水解渴。

姐妹俩一边俯瞰山谷，一边思考山下那些形状各异、大小不同的岩石。为什么沙子只存在于山底？那些滑溜溜的碎石来自哪里？那些巨大的石头又是来自哪里？为什么这座山四周都是悬崖峭壁？难道这座山很古老，后来分崩离析？为什么山顶这块巨石虽然存在很多裂缝，却依然是一个整体？最大的问题是，站在山顶极目望去周围全部都是平地，那么这座山是从哪里来的呢？

目的

这篇故事涉及两个方面：山脉地质学；风化和侵蚀过程如何能够把高山夷为平地。它还会激发学生探索山脉起源的兴趣。

相关概念

- 风化
- 侵蚀
- 造山运动
- 岩石循环

不要惊讶

学生可能会认为所有山脉都是火山，由火山喷发形成。有些学生认为山脉是由土壤构成的，只不过比周围的平地高一些罢了。而有些学生（可能受宗教信仰影响）认为地球只有几千年历史，自始至终没有什么变化。“地貌特征变化需要数百万年时间才能完成”，大多数低年级学生对此感觉不可思议，甚至很多成人也感觉难以理解。

内容背景

地质学是研究地球结构的学问，这门学问对学生而言非常重要，因为它研究我们周围的世界，与我们的日常生活息息相关。地质学涉及生物学、物理学和化学等诸多学科。地质学的基本理念是：地质变化过程需要很长时间才能完成。科学家们认为地球的年龄大约为45亿年，这一推测是建立在放射性衰变等科技分析手段之上的。有些人认为“地球很年轻”，地球历史不超过6 000年，他们的理论基础是宗教信仰和某些不可靠的科学学说。这里，我并不想挑起神创论与进化论之争，而是向读者提供一些有科学证据支撑的地质学原理和假说。

拜尔山位于马萨诸塞州西部，每天都有数十人攀登。拜尔山的形成时间大约为超级大陆“泛大陆”（下文还会提及）分崩离析后、构造板块漂移到现在的位置。

最初，拜尔山由火山岩(熔岩)构成。后来，地球内部力量改变了拜尔山的形状，这是断层山的一个典型例子。地球内部力量推动地壳向上或向下运动，造成地表出现断裂结构，断层山刚刚形成的时候往往多悬崖峭壁。这些悬崖峭壁以及高耸的山峰随着时间(这里所说的时间以百万年为单位)流逝而被风化与侵蚀过程逐渐磨平。

风化与侵蚀的区别非常明显。风化是由于生物、物理、化学以及人类活动造成岩石和矿物崩解。崩解后的碎片在风或水的作用下被搬运到别处，我们称之为“侵蚀”。显然，首先发挥作用的是风化过程，其次是侵蚀过程。科罗拉多大峡谷是一个典型例子，在这里，岩石被风化后又遭奔腾的科罗拉多河水侵蚀，河水切削出深达 1 英里、长达 300 英里的大峡谷。这种情形在各条江河、溪流随处可见，只不过规模小得多。例如，有一条小溪流经我们家后院，由于小溪一侧的土壤和岩石遭到严重侵蚀，而另一侧沉积物越积越多，迫使它的路径从西向东移动了至少 15 英尺。为什么会发生这样的事情，小溪在我们家后院最终定型之前还会改道到哪里？这又是一个日常科学之谜。

玛丽和克里从山脚到山顶一路看到的都是风化和侵蚀作用的结果。她们首先遇到的是山脚下“海滩”沙子灌满了玛丽的鞋子。山上含硅(或石英)的岩石被风化成细小的沙粒，然后受到侵蚀。由于沙子颗粒非常小，很容易被雨水形成的小溪或河流挟裹到山脚下。

姐妹俩向上攀爬，遇到了从山脉基岩风化后松动的巨石，这些巨石脱落后遭到侵蚀，由于重力作用滚落到山坡较低的位置，在那里变成登山者的垫脚石。

再向上爬，两人因为遇到岩屑坡而耽误了行程。岩屑坡坡度虽然不超过 40 度，但是碎石不停地沿斜坡向下滑落。顶部岩石经过风吹雨打碎裂成小块，不断向斜坡滑落。后来落下的岩石把以前落下的岩石覆盖，仍然继续下滑，因此登山者踩上去感到非常滑。玛丽和克里对此深有体会，我想再加上一句，我、妻子以及我们家的狗多年前在爬这段斜坡时也领教过它的厉害。走在斜坡上就如同走在大理石上一样滑，这里几乎没有摩擦力，脚底老是打滑，根本不听使唤。

最后，两个孩子到达山顶，这里跟山下一样到处都是风化造成的结果，岩石裂缝和“小狗的水碗”随处可见。凹陷处汇集的雨水在冬天结冰膨胀，久而久之，迫使大山崩裂成大块岩石，而这些岩石继续崩解成碎片。如果地球不发生另一次巨变，那么，总有一天，拜尔山将会变得跟山脚下的谷地一样平坦，当然，我们在有生之年肯定看不到这一变化。

20 世纪初，德国地质学家阿尔弗雷德·魏格纳(Alfred Wegener)提出了大陆漂移说，该假说试图解释一块超级大陆(泛大陆)分裂为几块大陆后经过很长时间漂移到它们目前的位置。当时，他的假说由于缺乏足够证据，并没有得到科学家们承认。直到 20 世纪 50 年代，在充分的科学证据面前，科学家们在一定程度上认可了他的假说，后来又经过广泛争论与调查，科学家们终于接受了这一解释板块移动的假说。

科学家们确认，地壳实际上是由一组漂浮在地幔上的 7—12 个巨大板块构成，这些板块每年以 50 毫米—100 毫米的缓慢速度不断移动。这些板块相互碰撞或挤压，产生的力量足以引发地震或其他巨大地质变化。正是由于板块运动产生断层，才形成了拜尔山。

有些山脉的成因与拜尔山不同。例如，华盛顿州的圣海伦山和雷尼尔山是由火山灰堆积而成的，这两座火山依然十分活跃。我们从山顶的火山锥能够很容易辨别其成因。1980 年 5 月 18 日，圣海伦山喷发出的岩石和碎片多达 0.7 立方英里。圣海伦山以及其他 160 座活火山都位于美国西部环太平洋火山带。

而有些山脉的成因是，地球内部水平压力推动不同板块相互挤压，一个板块可能被推挤至另一个板块下方，形成褶皱山脉。我们在一些公路沿线经常能够看到一些向上或向下的岩层，它们就是褶皱山脉残留的痕迹。亚洲的喜马拉雅山是褶皱山的典型例子。科学家们认为，南美洲的安第斯山脉是由一个板块被推入南美洲板块下方而形成的，因而火山活动频繁。因此，科学家们更倾向于把安第斯山脉归为以火山为主的山脉。这两条山脉恰恰也是世界上最年轻、最高的山脉。

还有些山脉属于隆起山脉，地球内部力量直接推动地表岩层向上运动，隆起的山体几乎没有发生变形。这类山脉的例子有南达科他州的黑山和纽约州的阿迪朗达克山。登上这些山脉，你可能会在山顶发现一些意想不到的化石，例如，有些山脉在形成以前可能是海底或草原。

山脉的产生与消亡还会产生一种“残丘”现象。蚀余的山丘矗立在原野上，像一名孤独的哨兵守卫在那里。残丘是由火山岩构成，山体周围质地较软的岩石或土壤因风化和侵蚀而消失，只剩下质地较硬的火山岩留在低洼的谷地。这类残丘的例子有美国新罕布什尔州南部的莫纳德诺克山、佐治亚州的石山以及巴西里约热内卢的面包山等。

无论一座山是如何形成的，登山者只要去攀登，都会发现玛丽和克里在拜尔山观察到的地质现象。这是因为所有山脉都会随着时间流逝而被风化与侵蚀。即使是最高、最崎岖的山峰也会有一天被磨平，也会出现巨石、岩屑坡和沙子。山脉的产生与消亡在地球上循环往复。

所有这些关于山脉形成与消亡的理论都是基于科学家经过数百年收集的证据。山脉循环过程极其缓慢，没有哪一个人或哪一组科学家能够观察到这个完整的过程。板块构造理论的遭遇非常形象地说明了科学是如何发展的。有人为了解释某种现象而提出自己的理论，但是在没有找到足够的科学证据支撑之前，通常不会得到科学界承认。因此，为了解释这种现象，科学家们需要不断搜集证据，从而推动科学向前发展。有些理论因为新的证据被发现而需要修正，直至科学界感到满意为止。理论的功能就是解释事实和观察到的结果。例如，生物不断发生变化并且变化会持续下去，这一现象是显而易见的。正是查尔斯·达尔文提出了自然选择理论，成功解释了这一现象的来龙去脉。

《国家科学教育标准》(国家研究委员会，1996)的相关内容

幼儿园—4 年级：地球和天空中的变化

• 地球的表面始终处于变化之中。有些变化是由于风化和侵蚀之类的缓慢过程造成的。

5—8 年级：地球系统的结构

• 地形是建设性力量与破坏性力量共同作用的结果。建设性力量包括晶体变形、火山喷发以及沉积物沉积等，破坏性力量包括风化和侵蚀等。

• 陆地、海洋、大气和生物之间相互作用，形成了地球系统不断进化的过程。我们在一生中可以观察到地震或火山喷发等现象，但是，造山运动或板块移动等地质过程需要经过数百万年才能完成。

《科学素养基准》(美国科学发展协会,1993)的相关内容

幼儿园—2 年级:地球的形成过程

• 岩石的大小和形状各异,砾石尺寸较大,沙子颗粒较小。

3—5 年级:地球的形成过程

• 波浪、风、水和冰对一些地方的岩石和土壤进行侵蚀,然后把它们在其他地方沉积起来,有时候可能会因季节不同而分为很多层,由此塑造或重新塑造地球表面的形状。

• 岩石由不同的矿物质构成。小块岩石是因为基岩或大块岩石破裂与风化而形成。土壤一部分是由风化岩石构成的,另一部分是由动植物遗骸构成的,土壤中还含有很多生物。

6—8 年级:地球的形成过程

• 地球表面有些变化过程非常短暂(例如地震或火山喷发),而有些却非常缓慢(例如山脉隆起或沉降)。地球表面的变化部分是由水和风长时间运动造成的,这一运动能够把山脉夷为平地。

在幼儿园—4 年级中使用这个故事

显然,讲完这则故事之后,你最好带学生到拜尔山之类的山脉做一次实地考察。也许你会说,你在佛罗里达州南部教书,那里最高的地方是垃圾填埋场,或者,你在特拉华州教书,那里最高的山只有大约 100 米(328 英尺)。哪怕你那里只有一条小溪,你也可以向学生介绍关于风化和侵蚀的基本概念。如果这也不行,你还可以利用沙桌或水桌向学生展示这些概念。

你可以利用下面一个问题作为切入点:“你认为玛丽和克里在登山途中看到的那些岩石和沙子是如何形成的?”学生很可能会做出如下回答:

• 因为沙子颗粒最小,所以被水冲到最远的地方。

- 冰能够把岩石撑破。
- 一层层碎石摞在一起会很滑。
- 人们用脚能把岩石踏碎。
- 山顶的岩石最坚硬。
- 一块岩石落到另一块岩石上的时候，能把下面那一块撞碎。
- 大块岩石落下的时候，能把下面的小块岩石撞碎。
- 一些岩石是由沙构成的。
- 水不能把岩石冲到很远的地方。

你可以把这些陈述句改成疑问句，例如：

- 水搬运沙子的距离是否比搬运岩石的距离更远？
- 水能把岩石搬运到多远的地方？
- 岩石被水搬运的距离远近是否取决于岩石自身的大小？
- 一些岩石是由沙子构成的吗？
- 大块岩石能撞碎小块岩石吗？
- 冰能把岩石撑破吗？

你可以带领学生来到小溪旁，观察水流湍急的地方岩石与沙子的分布状况，这种实地考察能够帮助他们解决上述一些问题。学生们将会发现，沙子比岩石的位置更靠近下游，而且沙子与岩石都是根据水流缓急而分别聚集到不同区域。除此之外，在教室里，你也可以把沙子和石子混合起来放在倾斜的水桌、沙桌或煎锅上，然后倒入一些水，让水从混合物中间流过，让学生观察沙子和石子被水冲刷到不同位置的情形。

如果你能找到有裂缝的岩石，可以把水注入裂缝中，然后观察水结冰后膨胀会对岩石产生什么结果。当然，裂缝越深效果越明显。用手把一小块砂岩捏碎，会产生大量沙子。

关于“百万年”时间尺度的问题，最好等到学生长大一些再向他们介绍，因为他们无法理解这个地质概念到底意味着多长时间，同样，普通民众对国债数量到底有多大也难以想象。让孩子们明白某些看上去坚不可摧的东西最终能够被风化和侵蚀过程彻底摧毁，这一点就足够了。你也可以带领年龄稍大一些的学生拜谒当地的墓地。请阅读下面“在5—8年级中使用这个故事”一节的建议，或者根据学生的实际情况适当修改。

我曾经在一个班级听课，看到老师介绍时间的方法非常独特。老师拿来一张很长的纸，让学生把每天感兴趣的事情写在上面。她从开学第一天就要求学生这样做，直至一学年结束。学生惊讶地发现，一年中竟然发生了那么多事情，而要把这些事情都记录下来竟然需要那么长的纸。180天[①]在我们看来并不算太长，但是通过生动形象的实物展示，学生肯定会对“时光流逝”有个全新的认识。

在5—8年级中使用这个故事

我们的老师选择从《了解学生的科学想法》第一册（Keeley，Eberle and Farrin，2005）的探究案例“山脉年龄”或第二册（Keeley，Eberle and Tugel，2007）的“山顶化石”作为开场白。第一个案例要求学生把他们认为有哪些因素影响山脉形成与演化的想法说出来，并把具体思维过程写出来。你可以借此机会了解学生对风化和侵蚀的认识水平，非常自然地过渡到这个话题的讨论。

学生在学习造山运动时遇到的另一个障碍是如何掌握“地质时间”这个概念。学生根本不清楚“数十亿年”究竟是多久，他们无法理解地质变化所需要的漫长时间究竟有多长。有些老师通过下述方法成功解决了这一问题：老师在教室里使用打印纸带制作一个时间长度为一年的时间表，因此，学生能够形象地看到一学年究竟有多长，看到一年间有多少事情发生。这一做法能够帮助学生看到时间的线性特征，明白一段时间（例如100万年）大概有多长。

第二个探究案例“山顶化石”要求学生解释贝壳化石是怎么跑到山顶上去的。我们发现，有些学生认为化石就是贝壳的代名词，根本不知道为什么高山顶上竟然会藏有贝壳。还有，由于风化和侵蚀过程时间极其漫长，学生无法直观感受到风化和侵蚀过程。然而，我们也有办法模拟这些变化，让这个年龄段的学生能够用肉眼直接观察。我想向你推荐德比·莫利纳-沃尔特斯和吉尔·考克斯（Debi Molina-Walters and Jill Cox，2009）在《科学视野》（*Science Scope*）杂志发表的文章“破解岩

① 美国中小学一学年除了放假时间之外实际上课时间约为180天。——译者注

石循环之谜”。该文把岩石循环与风化和侵蚀过程巧妙联系起来，你可以在网上找到原文。在这篇文章中，两位作者描述了如何借助巧克力豆、热量和压力等手段模拟岩石的形成过程。如果你想要了解岩石循环，这是一篇必读文章。

带领学生拜谒墓地是一个行之有效的野外考察方式，如果那里有比较古老的墓碑，学生能够很容易观察到风化现象。我们从墓碑上的日期能够明显分辨出来：古老的墓碑多为抗风化能力较差的石灰岩或砂岩，而时新的墓碑多为抗风化能力较强的花岗岩或大理石。（比较明智的做法是，你应当事先了解一下学生中间最近有没有亲人过世，如果有的话，应当跟学生的家长就拜谒事宜进行充分沟通。）你还应当事先征得墓地管理部门同意，并告诫学生在拜谒时应当做到庄严肃穆。

请你认真阅读本章关于低年级和高年级两个部分的教学建议，并根据学生的能力和需求做出适当调整。如果你打算带领学生考察墓地的风化情况，我建议你阅读两篇内容丰富实用的文章，在美国国家科学教师协会网站很容易找到。第一篇是琳达·伊斯利(Linda Easley，2005)在《科学视野》杂志发表的文章“把墓地用作科学实验室”。本文提供了非常实用的建议，不仅探讨了墓地在过去数十年发生的风化现象，而且探讨了如何把这一话题与数学、社会研究、语言艺术和考古学等结合起来。另一篇文章“化学风化：岩石去了哪里?”刊载于《科学视野》杂志的“科学取样”版块，由罗宾·哈里斯、卡罗琳·华莱士和约瑟夫·扎维奇((Robin Harris，Carolyn Wallace and Joseph Zawicki，2008)集体创作。该文可以帮助你设计一个关于风化作用的探究教学单元，由此展示你所在社区各种化学物质对环境造成哪些影响。

如果墓地距离学校不是很远，你和学生可以步行前往，即使乘车也花不了多少钱。你最好首先前去打探一番，看看墓地是否很古老(从 1850 年前后至今)，过去 50 年间有没有被使用，这样，碑石的软硬程度才能看出明显差异。正如伊斯利文章描述的那样，你还可以在墓地找到很多关于当地社会历史变革的蛛丝马迹，例如流行病、儿童疾病以及战争等。如果你喜欢把这些内容编入课程大纲，那么墓地就是最佳的起始地点。

你也可以在学校制作一个水桌，用以模拟水从各种材料流过时的情景。在实验过程中如果改变某些变量，将会出现什么结果？学生可以就此提出假设，而且能够即时加以验证。

如果你连水桌也没有，那么我再推荐一个简单做法：你可以把各种各样的岩石和沙子样本投入一个盛水的容器中，把溶液摇匀后静置一夜，让学生们猜一猜结果会怎样。第二天学生将会看到，各种物质按照颗粒大小分层沉积，颗粒较小的物质沉积在容器底部，而颗粒较大的在顶部。这一现象表明，细小的沙子将会被水流冲出很远，最终来到了山脚下，大块的岩石不会被水流冲出多远，因此靠近山顶。你还可以让学生们使用橡皮泥模拟褶皱山脉的形成过程，具体方法可上网查找。

相关书籍和美国科学教师协会期刊文章

Driver, R., A. Squires, P. Rushworth, and V. Wood-Robinson. 1994. *Making sense of secondary science: Research into children's ideas*. London and New York: Routledge Falmer.

Keeley, P. 2005. *Science curriculum topic study: Bridging the gap between standards and practice*. Thousand Oaks, CA: Corwin Press.

Keeley, P., F. Eberle, and C. Dorsey. 2008. *Uncovering student ideas in science: Another 25 formative assessment probes, volume 3*. Arlington, VA: NSTA Press.

Keeley, P., F. Eberle, and L. Farrin. 2005. *Uncovering student ideas in science: 25 formative assessment probes, volume 1*. Arlington, VA: NSTA Press.

Konicek-Moran, R. 2008. *Everyday science mysteries*. Arlington, VA: NSTA Press.

Konicek-Moran, R. 2009. *More everyday science mysteries*. Arlington, VA: NSTA Press.

Monnes, C. 2004. The strongest mountain. *Science and Children* 42 (2): 33-37.

参考文献

American Association for the Advancement of Science (AAAS). 1993. *Benchmarks for science literacy*. New York: Oxford University Press.

Easley, L. 2005. Cemeteries as science labs. *Science Scope* 29 (3): 28-31.

Harris, R., C. Wallace, and J. Zawicki. 2008. Chemical weathering: Where did the rocks go? *Science Scope* 32 (2): 51-53.

Keeley, P., F. Eberle, and L. Farrin. 2005. *Uncovering student ideas in science: 25 formative assessment probes, volume 1*. Arlington, VA: NSTA Press.

Keeley, P., F. Eberle, and J. Tugel. 2007. *Uncovering student ideas in science: 25 more formative assessment probes, volume 2*. Arlington, VA: NSTA Press.

Molina-Walters, D., and J. Cox. 2009. Chipping away at the rock cycle. *Science Scope* 32 (6): 66-68.

National Research Council (NRC). 1996. *National science education standards*. Washington, DC: National Academies Press.

第二十章
可能性有多大?

正在看报纸的爸爸抬了抬头。

“大家都听好了。这篇报道说,有一颗美国间谍卫星本周内很可能报废并坠落。我们是不是该买一份保险?”

“它是从哪里来的?”正在地板上玩玩具汽车的萨姆问。

“从外太空,”爸爸说,“它重达好几吨,肯定会在人行道上砸出个大坑!”

“别瞎说，乔治，”正在看电视的妈妈说，“不要吓唬我和萨姆。如果这是真的，我们一周内都不敢出门了。”

“尽管我认为卫星落到地面以前可能已经在大气层中燃烧殆尽，但是危险还是有的。”

“你认为它真的会落在这里吗？那实在太可怕了。”萨姆说。

“你爸爸只是在跟我们开玩笑，它不会落在我们这里。对吧，乔治？”妈妈说。

“报纸上说它有几吨重，因此不可能完全烧毁吧？不管怎样，落在我们这座城市的概率有多大？”

“卫星燃烧会加剧全球变暖吗，爸爸？”萨姆问爸爸。

“不，那完全是另一回事，萨姆。这些东西在大气上层快速燃烧，不会给地球增加多少热量。”

“地球非常大，是吗，爸爸？”萨姆问。他已经不玩了，看上去很担心。

“对不起，萨姆，我不是有意吓唬你。但是太空的确有很多垃圾，迟早会落下来。正如那句谚语说的：升上去的东西……”

“……一定会落下来。”不等爸爸说完，妈妈接过话茬。

“天哪，我希望它不会落到我们的房子上。”萨姆的声音中透着恐惧。

“你瞧，正如你刚才说的，地球非常大，卫星几乎不可能落在这附近。”妈妈安慰说。

“但是，它肯定会落在什么地方，怎么不可能落在这里呢？”萨姆说。

“这与概率有关。让我们看看地球仪，说不定能发现什么。”妈妈说。

那天晚上，萨姆睡觉时感觉踏实多了。你觉得为什么会是这样？

目的

地球表面积至少 71％是海洋，仅有 29％为陆地，陆地面积还包括湖泊、沙漠、池塘以及人类居住地等。学生应该能够看出这颗星球被水覆盖的面积有多大，然而，实际上，他们并没有真正意识到海洋的面积究竟有多大，甚至很多成人也是如此。有人认为，我们这颗星球不应该被称为地球，而应该被称为"海洋"。这则故事不仅可以帮助学生充分了解地球的基本特征，而且还可以帮助他们掌握概率、卫星和太空探索、太空垃圾以及我们对地球负有的责任等概念。既然萨姆问到燃烧的物体是否会加剧全球变暖的趋势，如果你愿意的话，也可以让学生就这个话题展开讨论。

相关概念

- 大气
- 卫星
- 概率
- 地球变暖

不要惊讶

你的学生或许并没有意识到海洋面积究竟有多大。尽管学生对地球仪都不陌生，然而，如果你不提醒他们，他们在观察地球仪时对浩瀚的海洋并不特别在意。任何学生只要乘轮船或飞机跨越大洋，肯定会感到旅程花费的时间特别长久，然而，他们很可能只会问上一句"我们还没到吗？"，却对浩瀚的海洋毫无知觉。

内容背景

公元前 325 年，埃拉托斯特尼在埃及亚历山大港计算出地球的周长为大约 25 000英里。地球的实际周长为 23 902 英里（40 075 千米），相比之下，他的计算结果误差并不大。而考虑到当时的测量工具非常简陋，这一结果精确度实在令人吃惊。

科学家告诉我们，地球表面积约为 510 000 000 平方千米，其中，被水覆盖的面积约为 361 000 000 平方千米(约占 71%)。因此，从太空眺望地球，就会发现这是一颗“蓝色星球”。沙漠占陆地表面积约为 20%，冰盖约为 2%。除此之外，地球表面适合人类居住的区域仅占大约 12%。这就意味着太空物体落在人类居住区的概率约为 1/10。如果你再拿你家房屋面积与地球表面积相比，就会发现房屋被砸中的概率几乎为零。

当然，根据概率，陨石或太空垃圾的确有可能坠落到人类居住的地区。概率说的是事情发生的可能性或大或小，并不是说完全不可能。尽管如此，萨姆知道自家被太空垃圾砸中的概率很小以后，当然能够安然入睡。

大多数太空物体进入地球大气层时首先撞上空气，在快速坠落过程中与空气摩擦而释放能量。这些能量主要表现为热能或光能。当太空物体进入大气层发生燃烧时，往往会拖曳着长长的“尾巴”，我们称之为“流星”。如果流星非常大，没有完全燃烧，最终就会坠落到地球表面，我们称之为“陨石”。

数百万年来，坠落到地球上的陨石不计其数，有些陨石较大，形成的陨石坑相应较大，例如，亚利桑那州北部的巴林杰陨石坑直径 4 100 英尺，深度 570 英尺。据认为，这个坑是 20 000—50 000 年前形成的。从那时至今还没有哪一个陨石坑能与之相比。体积较小的太空物体进入大气层以后，在与空气摩擦过程中往往燃烧殆尽，不会到达地面。

如果你打算利用这个话题探讨全球变暖的问题，那么我建议你参考《科学视野》刊载的一篇文章“深入研究：全球变暖”(Miller，2006)。该文为教师全面总结了地球变暖的相关问题，你可以在网上找到这篇文章。

《国家科学教育标准》(国家研究委员会，1996)的相关内容

幼儿园—4 年级：地球物质的属性

• 地球物质是指坚硬的岩石、土壤、水以及大气中的气体等。

5—8 年级：地球系统的结构

• 水覆盖了地球表面的绝大部分，经由地壳、海洋和大气进行反复循环，即“水循环”。

《科学素养基准》(美国科学发展协会,1993)的相关内容

幼儿园—2 年级:地球的形成过程

6—8 年级:地球

- 地球主要由岩石构成。地球表面四分之三的面积覆盖着一层相对较薄的水(其中一部分为冰),整个地球被一层相对较薄的空气包围。

在幼儿园—4 年级中使用这个故事

基利和塔古尔的著作《了解学生的科学想法》(第四册)(2009)中有一个探究案例“它会落在哪里?”。老师要求学生预测太空物体将会坠落在地面上什么地方。学生的回答五花八门,其中包括沙漠、人类居住区、海洋,冰川、淡水水域以及最大的大陆等。你可以在自己的学生中间使用这一案例,看看他们对这个问题如何回答,结果想必很有趣。该案例还要求学生就自己的答案给出解释。正如我们的故事所言,查看一下地球仪可能会对他们寻找原因有所帮助。

有人可能会担心低年级学生理解不了“概率”这么难的概念,然而经验告诉我事实并非如此。我在二年级课堂通过一个简单活动成功地帮助学生弄清了“可能”与“大概”之间的区别。下面是这次活动的具体过程。

我给每位学生分发三个新鲜的豌豆荚,让他们把豆荚剥开,数一数每个豆荚里豌豆的数量并记录下来。我再给每个学生分发三张正方形小纸片,每张纸片代表一个豌豆荚里豌豆的数量。我在一张大纸上画了一条横线,把这张纸贴在黑板上。我把横线标注为“豆荚里的豌豆数量”,在线上等距离标出数字 0—10。然后,我让学生根据每个豆荚里的豌豆数量把纸片贴在黑板相应的数字上。这样就形成了一张柱状图,正常情况下结果应该是一个钟形曲线,每个豆荚里可能含有的豌豆数量往往与图形中间的数字对应。我跟学生共同讨论这一现象,并让他们注意与图形两端数字对应的豌豆数量少之又少。

我在袋子还特意留下一些豆荚,这时,我让学生预测这些尚未剥开的豆荚里豌豆的数量是多少,然后再让他们把豆荚逐一剥开。大部分学生会选择最可能出现

的那个数字,偶尔会有孩子随意选择一个数,说那是他最喜欢的数字。然后,我用不同颜色的正方形纸片把新剥开豆荚里豌豆数量贴在相应的数字上。一般而言,大部分新剥开豆荚的豌豆数量都会与图中间的数字对应(可能),但是,偶尔也会有一两个与图形两端的数字对应(大概)。有些学生接受能力很强,马上就能预知每个豆荚里豌豆数量可能与图中中间三个数字之一对应。等到学生把剩下的豆荚全部剥开,几乎所有学生都明白了“可能”与“大概”的区别。每次我一边伸手拿袋中的豆荚一边问道:“这个豆荚里豌豆数量可能会是 2 吗?”(是)。“是 2 的概率大吗?”(不)。这样反复多次,学生很容易明白两者之间的区别。

我从上述探究案例中选取的另一个游戏是,让学生拿充气地球仪做类似击鼓传花的游戏,传递次数可达 25 次或更多。具体做法是,让学生聚成一个圆圈,拿着地球仪在他们中间来回传递。如果地球仪被传到某一个学生手上,那么他就需要看一看自己的手放在地球仪的什么位置,例如沙漠、人类居住区或海洋等。同学们把这种情形逐一记录下来,结果会发现,大多数情况下,他们的手所在的位置都是海洋。

你也可以借此机会把相关地理知识教学编入课程大纲,而新近出版的教学大纲在这方面重视不够。你可以让学生在玩地球仪游戏的时候,分别指出各个大洲、国家甚至湖泊的位置。

在 5—8 年级中使用这个故事

中学生对地球表面的海洋面积比较容易理解,尽管如此,他们仍然没有想到海洋竟然会那么浩渺无边。“幼儿园—4 年级中使用这个故事”提到的教学活动同样适用于这个年龄段的学生。让学生分辨概率与可能性等概念的区别并无不妥,而“击鼓传球”活动可以帮助学生为更加复杂的教学任务做好铺垫。例如,你可以根据这个年龄段学生的知识水平,向他们介绍如何计算球体面积、海洋面积以及人类居住区面积的方法,从而让他们懂得数学与科学相结合的重要性。

球体表面面积计算公式为 $S=4\pi r^2$,其中,r 为地球半径,π 如果用分数表示约为 22/7,如果用小数表示则为 3.141 6。地球表面积约为 196 940 400 平方英里(510 065 600 平方千米),平均半径约为 7 913 英里(12 735 千米)。学生应该有能力计算出地球表面积的近似值,而且会惊奇地发现陆地面积仅占 29%。他们通过进一步调查会发现，在这 29％的面积中，沙漠、高原、冰川和山脉等地不适合人类居住，进一步降低了人类被小型人造卫星砸中的概率。

学生可能会联想到航天器进入地球大气层面临被烧毁的风险以及防热盾如何发挥保护作用。这会激励他们探索每年不同时间发生的流星雨现象，在此期间，流星尾巴含有的颗粒物质往往会进入大气层。流星雨的出现具有一定的规律性，媒体通常都会做出预告。流星颗粒以极快的速度进入大气层，与大气产生摩擦后被化为灰烬，结果，我们看到夜空中有一道亮光划过。

这个年龄段的学生可能会提出全球变暖问题以及围绕该问题的争议。我不清楚为什么，但是学生经常会这样做。或许是因为关于地球的讨论引出了他们关心的问题。我觉得有必要提出一些建议，万一班里学生提出这个问题，你可以从容应对。有充分证据表明，地球表面温度在过去 250 年间不断升高。争论的焦点在于，一些科学家认为，全球变暖并非人类排放的大量温室气体所致，而是地球气温正常波动循环所致。这些怀疑论者能够解释为什么大气中增加了那么多温室气体却没有影响到全球气温变化，然而，他们无法解释为什么全球变暖的速度如此之快。有些人说，提出“全球变暖”这一概念的人完全出于政治目的，全球变暖趋势是一种自然现象，在地球数十亿年的历史中曾经反复出现。诚然，全球气温曾经上下反复波动，但是那时候人类还没有把大量温室气体排放到大气中。单是这一条就足以引发学生的兴趣，激发他们探索人类活动给地球气温周期波动带来什么影响。

你可以借此机会组织学生进行一场辩论：全球变暖与人类活动之间的关系。为了得出结论，他们可以利用一切可资利用的观点或数据。根据我们的经验，这样的辩论效果非常显著，可以让学生形成自己的立场，并找出足够的证据支撑自己的观点。毕竟，科学家们接触到的也是这些资料，但是他们对资料的解读并不总是一致。

当然，这也是科技发展史的一个重要方面。解读资料的过程意味着我们需要做到去伪存真、去粗取精、纠偏矫正等。这还是锻炼学生的一次绝好机会，因为科学技术突飞猛进，学生应当学会如何从纷繁芜杂的资料中筛选自己需要的内容。我推荐你阅读克劳斯特曼和赛德克（Klosterman and Sadker，2008）发表在《科学视野》杂志的文章“科学教育的信息素养：基于网络的社会科学问题资料评估”，相应网站有该文存档。你不用被这篇文章的标题吓到！该文提出了一些非常实用的建议，可以帮助学生如何从浩如烟海的资料中查找自己需要的东西。该文不仅可以帮助你处理本章的自然科学问题，而且可以帮助你处理你可能会遇到的社会科学问题。

相关书籍和美国科学教师协会期刊文章

Driver，R.，A. Squires，P. Rushworth，and V. Wood-Robinson. 1994. *Making sense of secondary science：Research into children's ideas*. London and New York：Routledge Falmer.

Keeley，P. 2005. *Science curriculum topic study：Bridging the gap between standards and practice*. Thousand Oaks，CA：Corwin Press.

Keeley，P.，F. Eberle，and C. Dorsey. 2008. *Uncovering student ideas in science：Another 25 formative assessment probes，volume 3*. Arlington，VA：NSTA Press.

Keeley，P.，F. Eberle，and L. Farrin. 2005. *Uncovering student ideas in science：25 formative assessment probes，volume 1*. Arlington，VA：NSTA Press.

Keeley，P.，F. Eberle，and J. Tugel. 2007. *Uncovering student ideas in science：25 more formative assessment probes，volume 2*. Arlington，VA：NSTA Press.

Konicek-Moran，R. 2008. *Everyday science mysteries*. Arlington，VA：NSTA Press.

Konicek-Moran，R. 2009. *More everyday science mysteries*. Arlington，VA：NSTA Press.

参考文献

American Association for the Advancement of Science（AAAS）. 1993. *Benchmarks for science literacy*. New York：Oxford University Press.

Keeley，P.，F. Eberle，and L. Farrin. 2005. *Uncovering student ideas in science：25 formative assessment probes，volume 1*. Arlington，VA：NSTA Press.

Keeley，P.，and J. Tugel. 2009. *Uncovering student ideas in science：25 new formative assessment probes*, *volume 4*. Arlington, VA: NSTA Press.

Klosterman, M., and T. Sadker. 2008. Information literacy for science education: Evaluating web-based materials for socioscientific issues. *Science Scope* 31 (8):62 - 65.

Miller, R. 2006. Issues in depth: Inside global warming. *Science Scope* 30 (2):56 - 60.

National Research Council (NRC). 1996. *National science education standards*. Washington, DC: National Academies Press.

第二十一章
粉碎机在这里

“家务！今晚又轮到我刷碗，”埃里克心里说，“或许我再要一块馅饼，他们就会忘了这事。”

“能再给我一块超级好吃的馅饼吗？我认为这是你做过最好吃的馅饼。”埃里克说，希望这句奉承话能让姐姐忘记今晚轮到他刷碗的事。

“当然啦，小弟弟。既然今晚该你涮碗，我想，你还是接着用你正在用的盘子好了。”詹妮冲他狡黠地笑了笑。

“该死，她记着呢！”埃里克决定还是先把第二块馅饼吃完，再去解决那些讨厌的盘子。

他吃完馅饼，喝了一杯牛奶，把餐桌上的盘子收拾好以后放在水槽里，准备用他那娇嫩的小手洗刷干净。他给水槽注满水，加入洗涤剂，开始冲洗盘子并擦拭，然后放在碗橱架子上晾干。完成这一系列工序后，他发现橱柜上有一个需要被投入垃圾箱的空汽水瓶。

“这虽然不是餐盘，不过我还是洗一下吧。”他心里想。埃里克用热水把瓶子冲洗干净，把水倒出来，然后拧上盖子。他把瓶子放在橱柜上以后准备离开厨房。突然，他听见身后传来爆裂声，他迅速转过身去，刚好看见汽水瓶“啪”地一声瘪了下去，好像被人挤压一样。

埃里克打开瓶盖，瓶子又恢复了原状。他把瓶子反反复复用热水冲洗、拧上瓶盖，惊奇地发现瓶子每次都会出现上述情形。

“嗨，伙计们，快来看啊。”他大声叫道。

一家人对这件事情持有不同看法。

姐姐詹妮说，埃里克把水从瓶子倒出的时候，空气也随着水一起被倒出，因此瓶中变成了真空状态，但是她不能解释为什么瓶子没有立即瘪下去。妈妈认为，这是因为制造塑料瓶的材质问题，它遇到热水就会迅速收缩。爸爸赞同妈妈的观点。

有人认为，这是因为埃里克正在冲洗的时候立即把水倒出。还有人心生疑问：不是塑料制造的瓶子是否也会出现这种现象？

大家有很多不同的想法，也有很多疑问。与此同时，埃里克开始思考“如果……将会怎样”的问题，并立即把自己的想法在厨房水槽中付诸实践。他以前认为洗碗是件苦差事，现在却乐在其中！

目的

只要你冲洗过塑料汽水瓶，就会有这样的经历。但是我在想，有多少人注意到这种现象并做出“如果……将会怎样”的思考？这则故事的目的即在于此。让我们探索日常科学的又一个谜题：气压及其在生活中的重要性。

相关概念

- 气压
- 膨胀和收缩
- 温度
- 真空
- 热能

不要惊讶

每一位天气预报员都会谈到高压区和低压区，却往往被我们当成耳旁风，正如俗话说的那样：“一只耳朵进，另一只耳朵出。”很多学生根本不相信我们周围的空气具有质量或重量，更不用说空气能够给我们以及我们周围的一切物体造成压力。

很多学生认为空气（或其他任何气体）跟“思想”之类的抽象概念属于同一范畴。你如果看过电影《私人宇宙》，肯定会记得那个中学生乔恩，他无论如何也不相信空气（或其他任何气体）占用一定的空间，除非它是能移动的“风”或者以干冰形式存在。大多数学生都不知道“陈旧的”苏打比新鲜的苏打重量轻。

我们可以想见的一个主要问题是，学生往往认为空气和氧气是一回事。空气当然是由多种气体构成的，而氧气只是其中一种。氧气约占空气总构成成分的21%。

因此，我们置身其中的大气具有质量并且能够给我们施加压力，这个想法对很多学生而言似乎荒诞不经。当然，如果你直接发问，他们肯定不会告诉你。然而，这个故事本身就是一种形成性评价，让学生就“大气”展开讨论，你可以从中了解他们对这一概念的认识水平如何。

内容背景

在我们的前后左右、上下内外，到处都是一种被称为大气的混合气体。大气即我们所说的空气，是由各种气体分子构成的，占据一定的空间，因此具有质量。跟所有动物一样，人类也需要呼吸空气。空气对植物的生命至关重要，因为它为植物提供二氧化碳，而植物通过光合作用把碳变成细胞的组成部分。空气中含有水蒸气以及各种各样漂浮其间的矿物质和微粒，其中包括污染物。空气流动时，我们称之为“风”；空气不存在，我们就无法呼吸。

空气对地球上的任何东西都会产生压力。在海平面，气压约为每平方英尺14.7磅，从海平面垂直向上，气压随着高度增加而相应降低。从专业角度而言，距离地球表面120千米的高空为大气圈的外部边界。大气圈被划分为五个不同的层次，每一层随着高度增加而气压相应降低。

在高度为8 850米(29 000英尺)的珠穆朗玛峰顶部，气压相当于海平面的50%。商用飞机飞行高度大致在这个层次，平均33 000英尺。当你乘坐商务飞机飞行时，我们需要给机舱内增压，使舱内气压跟6 000英尺—8 000英尺(1 830米—2 440米)高度的气压相当，这两个高度的气压存在一定差异，但是增压后一般不会让人产生不适感。机舱必须增压主要基于两个原因。首先，飞机在高空飞行时有可能发生变形，甚至导致飞机结构损坏。其次，由于高空气压非常低，乘客可能会感到不适。机舱内的氧气含量也需要被减少，但是乘客通常不会感到这一点，除非你患有某种疾病，需要呼吸的氧气水平跟海平面相当。

气压的变化可能给人造成不适。当飞机起飞或降落时，你的耳朵可能会感觉到气压的变化。空气被困在耳道里，随着飞机高度不同而发生改变，你会察觉到耳道内外气压不同，耳膜明显收缩，甚至会让一些人感到疼痛。而有些人只是稍微感到有所不适，待到耳道内外气压恢复平衡后，他们会感到耳朵发出轻微的爆裂声。如果你开车从高山上迅速下降或者是乘坐快速升降电梯，也会有这种感觉。

包裹在地球周围的大气圈对地球上的生命非常重要。大气圈能够过滤掉大量紫外线，并且减少辐射热向外空逃逸，由此保持地球相对较为温暖并降低昼夜温差。这种通过截留热能以调节地球温度的现象被称为温室效应。科学家认为，近年来全球气温之所以快速升高，是因为化石燃料燃烧后释放出的气体在大气中已经形成了单独的一层，阻碍热能向外空正常逃逸。

气压是指单位面积上向上延伸到大气上界的垂直空气柱的重量。如前所述，气压在海平面最大，而随着海拔高度上升逐渐减小。影响气压的因素还有温度以及空气中水蒸气含量。高压空气通常浓度较大、较为干燥，低压空气浓度较小、较为湿润。这一点似乎有悖常理，但是，水蒸气分子比构成空气的各种气体分子平均值要轻，平均浓度（质量除以体积）较低，因此产生的压力较小，被称为“低压”。相反，干燥空气浓度较大，因此产生的压力较大，被称为“高压”。

干燥空气通常比湿润空气冷。因此，在高压情况下，冷空气移动到你所在的区域，会给你带来寒冷、干燥、晴朗的天气。相反，低压往往会带来温暖、湿润、阴雨的天气。

我们这一代人当年上学时大都见到过老师给金属罐加热的演示。我们能够目睹罐中的水沸腾，蒸汽不断冒出来。然后，老师用盖子把金属罐盖上，而我们惊奇地发现，罐子似乎被一只无形的手捏瘪。老师说，这是因为沸水把罐子里的空气带走，罐子遭到周围空气压力的挤压而变瘪。你相信老师的话吗？我记得我在校期间至少见到过好几次，直到上高中物理时，我才相信这是真的，或者说，我终于懂得这种现象背后的原因。我在学校从来没有接触过这类实验设备，在家里也没有设备或机会进行尝试。

随着塑料瓶日益普及，而今的学生做起这个实验来安全多了。当作家庭作业？当然可以，不过你应当事先通知学生家长，请他们监督孩子不要拿滚开的水尝试。热水促使瓶内的空气膨胀，由此使得大量空气从敞开的瓶口跑出去。你把热水倒掉，用盖子把塑料瓶盖上，此时瓶内的空气很少，而且是热的。随着瓶内空气逐渐冷却，它占据的空间变小，因此，瓶外的室温空气压力足以把瓶子挤瘪。如果你盖上瓶盖之后向瓶体泼一些冷水，就会加快这一过程，因为瓶内的空气冷却速度更快，整个反应会加速完成。

就我个人经历而言，我曾亲眼见证气压的巨大威力。我买了一个油箱盖，结果却发现盖子没有透气孔。在驾车途中，汽油被逐渐耗尽，而外面的空气却无法进入油箱。汽车油箱竟然被外部气压挤瘪了！所幸的是，商家给我赔偿了新油箱和油箱盖。问题在于，制造油箱的金属可不是薄片，而是非常厚实的钢板，尽管如此，箱内的汽油被耗尽变成真空后，面对每平方英寸 14.7 磅的气压也会被挤瘪。跟塑料瓶一样，压力也是来自外部！

《国家科学教育标准》(国家研究委员会,1996)的相关内容

幼儿园—4 年级:环境变化

• 环境变化既可能是自然变化,也可能是人为变化。有些变化是好的,有些是坏的,还有一些既不好也不坏。

5—8 年级:地球系统的结构

• 大气是由氮气、氧气以及包括水蒸气在内的微量气体混合而成。不同海拔高度的大气具有不同的属性。

《科学素养基准》(美国科学发展协会,1993)的相关内容

幼儿园—2 年级:能量转化

• 太阳给大地、空气和水带来温暖。

3—5 年级:地球

• 空气是围绕在我们身边并占据一定空间的物质。这种物质在运动时,被我们称为"风"。

6—8 年级:地球的形成过程

• 人类活动,例如减少森林覆盖面积、增加排放到大气中化学物质的数量和种类、实行农业集约经营等,已经改变了地球的陆地、海洋和大气状况。

在幼儿园—4 年级中使用这个故事

开始上课前,我喜欢问学生是否刷过碗以及是否经历过故事中的情景。令人惊奇的是,一些学生确实有过这样的经历,而且急于想说给你听。显然,那些没有过这种经历的学生也跃跃欲试。我建议,你在给学生做演示的时候,让他们告诉你每一步应该怎么做。你可以让学生把这些步骤写在一个大的表格里,这样,便于分

析每一步会产生什么结果。

还有一个好办法:你可以事先准备几个同样的瓶子,如果学生对每个步骤的结果提出不同预测,你可以拿这些瓶子进行比较。例如,如果孩子们问热水的温度不同是否会造成瓶子被挤瘪的程度不同(他们通常都会问到这个问题),那么你可以现场进行实验。

如果教室里有冷、热两个水龙头,那么演示起来就会十分方便。如果没有的话,你就需要使用几个容器装满不同温度的水,或者,你可以使用电炉给水加热。如果你没给学生讲过温度计的知识,也可以利用这个机会向他们介绍一下。这样,将会有很多数据等待学生去记录与分析。其中的变量可能包括:

- 水的温度高低
- 水在瓶里留存时间的长短
- 瓶子的大小
- 瓶里水量的多少
- 你使用什么方式把瓶里的水倒掉
- 如何给瓶子冷却
- 瓶子的形状不同
- 制造瓶子的塑料厚薄程度如何
- 步骤不同,例如,只是从外部给瓶子加热

学生将会意识到步骤很重要。你可以把水注入瓶中,然后不停旋转瓶子,或者,你再把瓶里水倒出的时候速度可以很快也可以很慢。你可以问一问学生,如果每次都严格按照上述步骤实验,结果是否不同。他们在做试验时通常都会严格按照步骤进行。

尽管故事中埃里克并没有对瓶子进行快速冷却,但是你可以加上这一步骤,让学生预测瓶子在收缩过程中是否会有什么不同。通过这种方式,你可以把“冷却”这个有助于解决问题的重要概念介绍给学生。关于压力的来源,你需要给学生一些提示,不过,低年级学生对此还是感到难以理解。尽管如此,这一概念可以引发他们深入思考,为将来理解“气压”这一科学概念奠定基础,而这也是孩子们学习科学必经的过程。

如果你胆子够大，甚至可以建立一个实验中心，让学生自己动手进行调查研究。或者，你可以以通知的形式向学生家长解释你要求学生做什么，请他们监督孩子在家做实验时避免遇到危险。让学生使用家里常用的热水水龙头，往往就足以取得非常明显的实验效果。

在5—8年级中使用这个故事

高年级学生可能有过埃里克那样的经历，对瓶子被挤瘪的原因会发表自己的看法。你可以让学生把自己的想法写在“我们的最佳思维榜”上，借此培养他们的思维能力。毫无疑问，你的学生肯定非常想目睹这一现象，你可以按照“在幼儿园—4年级中使用这个故事”一节的教学建议行事，或者，如果你拥有上述设备，也可以让学生自己动手验证自己的预测。如果学生提出上一节谈到的各种变量，你可以让他们分组进行实验，然后汇报实验结果。跟其他各章一样，让学生在实验之前先行预测非常重要，然后让他们把各种数据记录在科学笔记本上，以便实验结束之后展开讨论。

需要特别强调的是，你务必要让学生把这个话题拿到课堂上讨论。在讨论过程中，你应当发挥引导作用，尽量以拉家常的方式倾听学生的心声。学生与学生之间（而不是与你之间）讨论越热烈效果越好。在轻松愉快的氛围中，学生能够畅所欲言，根据讨论结果改正自己的错误观点。一个很好的做法是，你事先尽量把各种实验材料准备齐全，让学生根据自己的想法现场动手实验加以验证。

当然，你也可以让学生在家里做实验。父母的监管很重要，尤其是这个年龄段的孩子，他们往往天不怕地不怕，对安全措施置若罔闻。

最后，如果你登录NSTA网站，可以在《科学视野》杂志存档中下载一篇文章“托里拆利、帕斯卡和PVC管”（Peck，2006）。作者在文中提出了一些非常有趣的做法，教你如何利用吸管、皮管以及PVC管测量气压。我极力推荐这篇文章。你可以利用吸管来改变一个常见的错误观念：人们往往认为他们是通过吸管把饮料“吸”上来的。实际上，由于吸管内的空气抽空，气压主动把饮料“送”到他们的嘴里。

相关书籍和美国科学教师协会期刊文章

Driver，R.，A. Squires，P. Rushworth，and V. Wood-Robinson. 1994. *Making sense of secondary science：Research into children's ideas*. London and New York：Routledge Falmer.

Keeley，P. 2005. *Science curriculum topic study：Bridging the gap between standards and practice*. Thousand Oaks，CA：Corwin Press.

Keeley，P.，F. Eberle，and C. Dorsey. 2008. *Uncovering student ideas in science：Another 25 formative assessment probes，volume 3*. Arlington，VA：NSTA Press.

Keeley，P.，F. Eberle，and L. Farrin. 2005. *Uncovering student ideas in science：25 formative assessment probes，volume 1*. Arlington，VA：NSTA Press.

Keeley，P.，F. Eberle，and J. Tugel. 2007. *Uncovering student ideas in science：25 more formative assessment probes，volume 2*. Arlington，VA：NSTA Press.

Konicek-Moran，R. 2008. *Everyday science mysteries*. Arlington，VA：NSTA Press.

Konicek-Moran，R. 2009. *More everyday science mysteries*. Arlington，VA：NSTA Press.

参考文献

American Association for the Advancement of Science（AAAS）. 1993. *Benchmarks for science literacy*. New York：Oxford University Press.

National Research Council（NRC）. 1996. *National science education standards*. Washington，DC：National Academies Press.

Peck，J. F. 2006. Science Sampler：Torricelli，Pascal，and PVC pipe. *Science Scope* 29（6）：43－44.

第二十二章
腐烂的苹果

十月的一天，泰德和史蒂夫走在从学校回家的路上，他们准备像往常一样抄近道，从他们家附近的一个旧苹果园穿过。“史蒂夫，你知道，咱们两家住宅所占用的土地原先都是大苹果园的一部分。苹果园主人把大片土地卖给开发商，开发商建造了这些房屋。我妈妈还记得，当时这一片地方原先都是苹果园，我们的学校也是”。

“对，我记得我也听说过。”史蒂夫说。

“我想知道，自从那些苹果树被砍掉之后，这片土地和咱们家周围原有的苹果都去了哪里？”泰德说。

“现在，你看这个苹果园，”史蒂夫说，“地面上有各种各样的苹果，有些是人们忘了采摘，有些是成熟后自己掉落的。”

“试想一下，假如这么多年来苹果从树上掉落下来之后一直堆积在地上，它们的高度足以淹没我们的膝盖，”泰德笑着说，“但实际上并非如此，我很好奇它们都去了哪里？是不是有人来过这里，把它们清理干净了？”

“我不那样认为，除非他们为了酿造苹果酒才会那样做，”史蒂夫回答，“也许它们真被拿去酿酒了，不然，到了春天肯定会苹果满地。”

在这个阳光明媚、秋高气爽的日子，两个男孩优哉游哉地走在回家的路上，不时驻足查看地上掉落的苹果。

“伙计，你看这些苹果，”泰德说道，“它们看来已经开始腐烂变质，难道还能用来酿酒吗？这些苹果已经变软发蔫，里面好像生了虫子或别的东西。它们已经没什么用了。”

“我敢打赌，动物们吃掉了一些苹果，但是肯定吃不完这么多，所以地上还剩下很多，”史蒂夫解释道，“然而，为什么一到春天苹果就不见了呢？还有，咱们家和学校附近的苹果都去了哪里？”

“据说，它们变成了土壤。”泰德说。

“真是那样？像变戏法？”史蒂夫问，“怎么可能？土壤就是土壤，不管有没有苹果，土壤始终都在那里。土壤就是土壤，嗯，苹果不可以变成土壤！这里面肯定还有更复杂的原因。”

“我知道，”泰德说，“让我们把一些苹果拿回家放在我家院子里，看看会发生什么变化。我们需要露天堆放但是不要让狗找到，然后留心观察它们的变化。就像格林老师一直强调的那样，想要学习科学，没有什么比认真观察更好的方法。”

“只要放在你家院子就行，”史蒂夫说，“我认为，我家人肯定不允许把烂苹果放在我家院子。我家的狗肯定会把苹果吃掉的，它见什么吃什么，什么都吃！”

就这样，两个孩子从地上捡了一些苹果带回家，正如格林老师所说的那样，准备认真观察。来年春天……？

目的

1991和1992年,约翰·利奇(John Leach),邦妮·夏皮罗(Bonnie Shapiro)和我一起做了一项研究,我们采访了来自英国、加拿大和美国大约400名学生,询问他们对苹果在一年时间内腐烂过程的了解程度,结果发现这三个国家的孩子对腐烂过程知之甚少,几乎完全不懂微生物在这一过程中发挥的作用。他们认为,苹果或者其他东西落到地上之后奇迹般地变成土壤、被动物吃掉或消失不见。因此,这则故事的目的是帮助学生探索腐烂过程如何对有机物进行分解,从而让它们在生态系统中被循环利用。

不要惊讶

为给1992年研究项目(Leach, Konicek and Shapiro)准备材料,我采访了一位刚学完《生物(一)》的高中生。我问她是否认为烂苹果中的物质能够被另一种植物作为养分吸收利用,她看着我,好像觉得我是个糊涂虫,然后说:“等一下!水可以被循环利用……!噢,但是像苹果这样的东西不能。”

这种想法在孩子(以及很多成年人)当中非常普遍,他们以为物质在土壤中消失或者变成了土壤。他们对“生物腐烂以后变成非生物环境的组成部分”的概念非常陌生。因为很多孩子(还有成年人)认为细菌只不过是造成疾病的微生物,他们以为把世界上所有细菌全部清除是一件好事。他们不懂得,土壤中的分解者有助于把死亡的生物分解掉。他们可能不了解物质守恒定律和物质循环利用过程。随着近来媒体对堆肥和环境问题讨论日趋热烈,孩子们在这方面的意识也在逐渐加强,但是如果他们说自己对物质循环的具体过程一无所知,你也用不着惊讶。

还有,一些学生可能会认为地球的重量在逐年增加,因为植物的叶子和果实不断掉落到地上。当然,简而言之,你读到的这篇故事主旨就是地球把自身的物质加以回收并循环利用。

相关概念

- 腐烂
- 分解
- 分解者
- 真菌
- 氧化

内容背景

2008年7月5日：今天，在清凉的早晨，我们收集了一卡车树皮碎屑准备用于花园养护，铲车每铲起一车斗树皮往卡车里倾倒时，我们都能看见水汽从树皮中冒出来。在那堆树皮中，微生物正在忙着把有机物分解还原为它们的组成部分——碳分子、氮分子以及磷化合物等，在这个过程中，微生物利用氧的氧化作用，把植物中储藏的能量以热的形式释放出来。当水汽遇到冷空气凝结时，就形成了迷离的烟雾。我把手插进树皮碎屑中，感到里面很热，估计温度约有60℃。我家后面有一片原野，附近一所大学农业系的人员经常在那里制作堆肥，冬天天气很冷的时候，从堆肥中冉冉升起的烟雾看上去就像是烟囱排放出来的一样。

多么奇妙的过程啊！空气和土壤中的细菌与真菌对有机物进行分解，把我们不需要的有机物还原成它们的基本构成成分后，让地球重复利用。花园里的堆肥也是这个道理。我们给细菌和真菌喂食厨余垃圾，它们回馈我们黑色的优质沃土。人类与微生物朋友的关系多么美妙！我们各司其职、互利共赢，共同建设一个更加健康的地球。

每年夏天，我们使用草叉翻动堆肥给其增加氧气和水，经常能够看到成千上万的蠕虫、球潮虫、蜈蚣、马陆等各种小生命扭动着身躯从草叉下逃走。这些生物虽然严格说来不是分解者，但是也非常重要。科学家把它们称为“食碎屑动物”，有时干脆称为“清道夫”。它们不会把所有养分都消化掉，也不会把所有能量都释放出来。蠕虫及其他生物把我们丢弃的厨余垃圾吃掉，把体积较大的草叶、莴苣、鳄梨核及其他东西转化成“一口就能吃下的”碎屑，方便细菌和真菌等真正的分解者享用，完成分解过程的第一步。它们无法吸收的那部分食物以半消化形式从身体排出，加速了制造堆肥的进程。它们还帮助堆肥透气，便于氧气和水在其中充分发挥作用。

如果泰德和史蒂夫观察苹果从秋天到冬天发生变化的话，就能看到这种现象。低温可能会减缓腐烂过程，但是随着分解者把苹果当作食物满足自身需求并把基本养分释放到土壤之中，苹果迟早会变得越来越小。

根据美国环境保护署（U.S. Environmental Protection Agency）提供的数据，垃圾填埋场中接近25%的固体垃圾是由有机废物和修剪草坪时剪下的草屑组成，而这些东西几乎都可以用来制作堆肥。环境保护署网站列出了适于以及不适于制作堆肥的材料清单。

《国家科学教育标准》（国家研究委员会，1996）的相关内容

幼儿园—4年级：生物的特征

• 生物具有基本需求。

幼儿园—4年级：生物和环境

• 一切生物都能够改变它们生存的环境，一些变化对某种生物或其他生物有害，而一些变化对它们有利。

5—8年级：种群和生态系统

• 分解者（主要是细菌和真菌）是消费者，它们以垃圾和死亡生物为食。

《科学素养基准》（美国科学发展协会，1993）的相关内容

幼儿园—2年级：物质和能量转移

• 很多物质可以被循环利用，有时表现为不同的形式。

幼儿园—2年级：稳定和变化

• 事物能够以某种方式发生变化，也能够以某种方式保持原样。

3—5 年级：生命的相互依存

• 昆虫及其他各种生物以死亡的植物和动物为食。

• 大多数微生物不会引起疾病，而且很多都是有益的。

3—5 年级：物质和能量的流动

• 一切生物都需要某种形式的能量，用以满足生存和成长需要。

• 整个地球上，生物不断地生长、死亡、腐烂，新生命从老去的生命中诞生。

6—8 年级：生命的相互依存

• 两种生物之间相互作用的方式有几种形式：生产者—消费者，猎食者—猎物，寄生者—宿主等。或者，一种生物能够清除或分解另一种生物。

6—8 年级：物质和能量转移

• 食物里的分子为一切生物提供所需的能量和构成成分。

在幼儿园—4 年级中使用这个故事

讲述这个故事之前，你不妨先给班上学生介绍一下基利等人所著《了解学生的科学想法：另外 25 条形成性评价探讨》(2008)一书中的探究案例“腐烂的苹果”。在该案例中，四个朋友在争论：为什么一个苹果经过一段时间后消失不见？学生需要从六个观点中选择一个。对低年级孩子而言，你可以把六个观点适当删减，以免他们摸不着头脑。不管怎样，你可能会发现，正如我们 1992 年所做的研究一样，孩子们不认为微小的生物能够利用苹果中的能量使之分解。而且，学生们并不知道物质具有微粒性，因此不知道苹果是由微小的粒子构成，而这些微粒能被土壤吸收并重复利用。但是，孩子们都见过蠕虫和昆虫蚕食腐烂苹果的情形，他们也许会想到还有比这些小虫子更小的生命形式能够从苹果中汲取营养，这是他们向“微生物也很重要”的意识迈出了第一步。你可以制作“最佳思维榜”，问问孩子们如果把苹果放在装有土壤的透明容器中会发生什么，也可以借机了解他们的想法。

容器盖子应当盖好，以免里面的霉菌孢子跑到教室的空气中。孩子们将会看到苹果开始腐烂，变软发蔫的苹果逐渐长出霉斑。你最好事先把苹果皮稍微割开一点，便于土壤里的生物进入苹果之中。一个伤痕累累的苹果也会利用自身的酶来加速腐烂过程。水果无论如何都会腐烂，但是水果被碰伤或擦伤后会加速腐烂，因为小孩子往往没有耐心。图表和数据都应当记录在科学笔记本上，总结应当放在班级汇总表上，这样全班同学都能看到每天或每周的进展情况。

最后，苹果似乎完全消失于土壤之中，可能只剩下果皮和梗。由于容器盖子始终是盖着的，因此学生会相信苹果变成了土壤的一部分。他们也许根本没注意到霉菌的生长，虽然他们看不见细菌，但是你可以提示他们，还有一些肉眼看不见的微生物和霉菌一起发挥作用。

在 5—8 年级中使用这个故事

你可以把上一节提到的探究案例原原本本地讲给学生听。学生可能会向你提议，让他们学着故事中泰德和史蒂夫的样子，对苹果进行“密切跟踪观察”。你可以考虑让学生们自己提出实验设计中的一些变量，并设立几个观察站。如下所示：

- 苹果的种类
- 苹果的大小
- 带伤的苹果
- 切开的苹果
- 切成片的苹果
- 容器中不放土壤的苹果
- 容器中放有土壤的苹果
- 从不同地点采集的土壤
- 不同的水果，例如香蕉、葡萄、猕猴桃、柑橘等
- 与树叶、草叶及其他常见植物的比较
- 不同的温度
- 干燥环境与潮湿环境

把学生对苹果将会发生什么变化的预测列举出来，放在每个观察站。学生应

当自己做出决定，他们的苹果是从地上捡来还是从当地果园或水果店购买。他们应当尽可能把实验变量减少到最低限度。一家网站上有一段时长30秒的延时拍摄视频，记录了水果在两个月内的分解过程。当今科技已经非常普及，你和学生也可以使用延时拍摄方法记录苹果的分解过程。如果你想使用日益流行的瓶栽植物法研究分解过程，可以访问相关网站。

你的学生也许想知道，在冰箱发明之前人们是如何储藏果蔬的。17、18世纪，大多数家庭长年使用地窖储藏土豆、胡萝卜、苹果等。地窖的工作原理是什么？湿度和温度肯定是必要因素，还有其他因素吗？在寒冬期间如何防止蔬菜冻坏，而在较热地区冬天也比较温暖，又如何避免蔬菜腐烂？想要学习分解过程的对立面，也就等于学习如何保存食物。

相关书籍和美国科学教师协会期刊文章

Driver, R., A. Squires, P. Rushworth, and V. Wood-Robinson. 1994. *Making sense of secondary science: Research into children's ideas*. London and New York: Routledge-Falmer.

Keeley, P. 2005. *Science curriculum topic study: Bridging the gap between standards and practice*. Thousand Oaks, CA: Corwin Press.

Keeley, P., F. Eberle, and C. Dorsey. 2008. *Uncovering student ideas in science: Another 25 formative assessment probes*, volume 3. Arlington, VA: NSTA Press.

Keeley, P., F. Eberle, and L. Farrin. 2005. *Uncovering student ideas in science: 25 formative assessment probes*, volume 1. Arlington, VA: NSTA Press.

Keeley, P., F. Eberle, and J. Tugel. 2007. *Uncovering student ideas in science: 25 more formative assessment probes*, volume 2. Arlington, VA: NSTA Press.

参考文献

American Association for the Advancement of Science (AAAS). 1993.

Benchmarks for science literacy. New York: Oxford University Press.

Bottle Biology. *www. bottlebiology. org*.

Hazen, R., and J. Trefil. 1991. *Science matters: Achieving scientific literacy*. New York: Anchor Books.

Keeley, P., F. Eberle, and C. Dorsey. 2008. *Uncovering student ideas in science: Another 25 formative assessment probes*, volume 3. Arlington, VA: NSTA Press.

Leach, J. T., R. D. Konicek, and B. L. Shapiro. 1992. The ideas used by British and North American school children to interpret the phenomenon of decay: A cross-cultural study. Paper presented to the Annual Meeting of the American Educational Research Association. San Francisco.

National Research Council (NRC). 1996. *National science education standards*. Washington, DC: National Academies Press.

第二十三章
地球变得越来越重？

正在清扫落叶的汤姆抬起头来，对表妹劳拉说："我认为，地球变得越来越重。看看我们四周的落叶。落叶逐年都在增多，而且有一定的重量，对吧？"

劳拉斜靠在耙子上，一脸狐疑地看着汤姆。"你怎么会冒出这么奇怪的想法？真聪明，"她揶揄道，"是不是因为你非常讨厌搂落叶？你觉得我们应该把落叶留在那里，让它们继续给地球增加重量？”

“我说的话也有一定的道理，难道不是吗？每年树木都会长出很多叶子，然后落下来，堆积在地面。你看那片树林，去年就有成吨的落叶，下面还有前年的落叶，它们加起来分量可不轻。”

“也许是吧。这种情形已经存在数百万年，所以古老的地球现在肯定变胖了。难怪科学家们说，地球转得越来越慢。”劳拉打趣道。

“她根本不相信我的话。”汤姆心中暗想。

“这样吧，”汤姆说，“让我们到树林里看一看地上的落叶，我要证明给你看。”

两个孩子走进了树林，开始查看不同层次的落叶。

“你瞧，”汤姆说，“这是今年的落叶，它们下面是去年的落叶，再往下是前年的！我承认，它们尽管又潮又烂，毕竟还在那里。”

“嗯，”劳拉说，“但是，三年前、四年前的落叶在哪里呢？”

“我想，它们肯定在地下某个地方，”汤姆说，“让我们挖一挖，看看是什么情况。”

说挖就挖，“考古发现”最终解决了两人的争端。

目的

我的研究以及他人的研究均表明，孩子们很难理解生态系统中有机质的循环。这则故事的目的是激励学生思考：有机质随着时间流逝会发生什么变化？

相关概念

- 物质循环
- 分解
- 物质守恒
- 腐烂
- 封闭系统
- 开放系统

不要惊讶

除非学生对“物质具有微粒性”有所了解，否则他们很难明白物质能够被分解成为很小的组成部分，而这些部分可以与其他物质组合形成新的化合物，为新的生物提供必要养分。你的学生可能真的相信，数万年来，不断积累的落叶和枯木确实会给地球增加重量。毕竟，我们不也亲眼看见小树苗长成参天大树吗？它们难道不会给地球增加重量吗？

内容背景

显然，我们不希望自己的学生错误地认为，数万年来积累的落叶会让地球变得越来越臃肿，也不希望他们错误地认为，不断成长的树木及其他植物会给地球增加重量。严格说来，陨石进入大气层并最终坠落到地球表面，有可能给地球增加些许重量。的确，一些氢原子不断逃逸到宇宙空间，火箭与卫星飞离地球以后最终消失在太空，但是，这些重量微乎其微。尽管学生可能会提到这些问题，但是地球由此获得或失去的重量可以忽略不计。

在这则故事中，我们谈论的是地球上自从有树木及其他植物进化以来落下的数吨重叶子。如果你到落叶阔叶林中走一走，就会惊讶地发现积累的落叶厚度有多深。如果你家的院子周围被树木环绕,就会知道清理落叶需要耗费你大量的时间和精力。没错,从树上落到地上的叶子数量极为庞大。如果树叶落到地上以后一直完好无损地待在那里,你可以想象它们堆积起来该有多高。

拨开今年的落叶继续往下挖,你会发现一些看起来皱皱巴巴、湿漉漉的烂树叶,形状已经很难分辨。陈旧的树叶已经进入腐烂过程,正在被分解者分解成为它们的最小组成部分——分子,而正是这些分子构成的树叶曾经生产糖和淀粉。各种各样的动物(主要有蚯蚓、马陆、球潮虫之类的无脊椎动物)以及众多细菌和真菌等各司其职,把落叶及其他植物分解成堆肥——一种富含有机质的土壤。分解者首先把有机质吃掉,经过消化把有机质分子排出体外,成为土壤的组成部分。你向地下挖掘越深,就会发现下面的树叶越来越像土壤。分解者工作很出色,树叶的形状已经无法辨认。然后,其他生物(包括树木本身)从有机质分子中汲取养分,继续繁衍生息。这样就构成了一个完整的循环。

我本人以及我的一些同事对"分解"这一概念的研究结果表明,儿童和成人大都认为死亡的生物好像变戏法一般直接变成了土壤(Leach, Konicek and Shapiro, 1992;Leach et al,1992;Sequeira and Freitas,1986)。当然也有例外,有些学生对"物质具有微粒性"有所了解,他们懂得物质是由微小的颗粒构成的,而这些微粒可以被其他生物重新利用。

各种树木以及其他植物不断长大,却又不会给地球增加重量,为什么?答案可能更让学生难以置信。地球是一个"封闭系统",因为地球上的物质受到一定限制,被限定在地球和大气圈范围之内。如前所述,地球与宇宙其他部分几乎不存在"物质交换",当然,能量除外,尤其是来自太阳的辐射能。植物在制造自身生存所需物质以及为其他生物生产食物时,必须利用大气中的二氧化碳和太阳的能量。

很多人认为,我们周围的空气既没有重量,也算不上物质。既然空气不是物质,那么它如何为所有植物提供它们赖以生存的碳元素?然而,除非我们能拿出充分的证据,否则很难令他人信服。

当植物腐烂时,物质以分子的形式重新回归大地,被其他生物吸收利用,因此,这些物质始终存在于地球之上,质量没有发生变化。请看一个探究案例"密封罐里的秧苗"。该案例建议,你在罐子里装入土壤,撒播一些种子,然后把罐子密封起来,静待种子发芽成长。在种子发芽以前,称一下整个密封罐的重量;在幼苗长出来以后,再称一下密封罐的重量。你会发现两次称得的重量相同。因为没有其他物质进入罐子，罐子中的物质也没有跑出来，所以密封罐跟地球一样都是封闭系统(Keeley, Eberle and Farrin, 2005)。另见《日常生命科学之谜》(2013)中的章节“密封罐里的秧苗”。你可能想要自己尝试一下，如果你想要确认封闭系统是否是一个完全自给自足的系统，也可以自己做一做这个实验。最后，如果你还想进一步了解分解过程，也可以阅读本书第二十二章“腐烂的苹果”。

《国家科学教育标准》(国家研究委员会，1996)的相关内容

幼儿园—4年级：生物的特征

• 生物具有基本需求。

幼儿园—4年级：生物和环境

• 一切生物都能够改变它们生存的环境，一些变化对某种生物或其他生物有害，而一些变化对它们有利。

5—8年级：种群和生态系统

• 分解者(主要是细菌和真菌)是消费者，它们以垃圾和死亡生物为食。

《科学素养基准》(美国科学发展协会，1993)的相关内容

幼儿园—2年级：物质和能量转移

• 很多物质可以被循环利用，有时表现为不同的形式。

幼儿园—2年级：稳定和变化

• 事物能够以某种方式发生变化，也能够以某种方式保持原样。

3—5年级：生命的相互依存

• 昆虫及其他各种生物以死亡的植物和动物为食。
• 大多数微生物不会引起疾病，而且很多都是有益的。

3—5 年级:物质和能量的流动

- 一切生物都需要某种形式的能量,用以满足生存和成长需要。
- 整个地球上,生物不断地生长、死亡、腐烂,新生命从老去的生命中诞生。

在幼儿园—4 年级中使用这个故事

我建议你首先使用《了解学生的科学想法》(第三册)(Keeley, Eberle and Dorsey,2008)的探究案例"腐烂的苹果"。你可以借此了解学生对分解过程的前概念水平如何。我敢打赌,你的学生大都会认为,苹果被风和水软化,然后直接融入了土壤。

对这个年龄段的孩子而言,你最好让他们观察密封容器中苹果或其他水果的分解过程。一定要把容器的盖子盖好,以免容器里的真菌孢子跑出来污染教室的空气。学生能够亲眼目睹真菌是如何把水果分解掉的。如果天气比较热,你最好在容器盖子上开几个孔,并把容器放在窗台外面,这样,学生能够观察分解过程,而又不至于用手去触摸容器。苍蝇能够飞入容器中产卵,卵经过孵化变成蛆以后加速水果的腐烂过程。学生看到这种情景便会明白:比真菌大得多的动物在分解过程中也发挥着重要作用。

真菌在生物学分类中属于一个单独的类别。它们分解死亡生物并从中吸收自身成长所需的营养物质。真菌通过孢子繁殖下一代,而孢子在大气中到处都有,它们是真菌的母体,一旦碰到残羹冷炙就会"狼吞虎咽"。有些人对孢子过敏,例如,霉菌是一种真菌,能够让很多人产生过敏反应,甚至危及性命。曾经有报道说,因为霉菌污染严重,整栋大楼被迫关闭,甚至被摧毁。

如果你不想让教室变成细菌或真菌分解食物的"车间",可以从网上寻找相关资料。若要观看一段关于蔬菜和水果分解的延时拍摄视频,可以访问相关网站。有些人觉得分解过程令人感到恶心,我建议你在给学生播放视频以前自己先看一看。根据我的个人经验,低年级学生看到延时拍摄的果蔬分解过程都会感到非常惊讶,而高年级学生更是感到不可思议。你还会注意到,在展示生命循环的影像中,堆肥里会有某些植物正在萌芽。

关于树叶及其他东西落到地上以后会发生什么变化,你可以让学生填写"我们的最佳思维榜”。如果你先让学生填写“最佳思维榜”，然后再让他们实地翻找树叶或观看分解过程视频，那么他们可以根据调查结果修正自己的观点。（小心：如果你生活在热带或亚热带地区，落叶堆里往往潜藏着蝎子、蜈蚣以及银环蛇等有毒动物。你最好让学生在查看下层树叶的时候先用耙子搂一搂，以保护自身安全。）

这则故事与本书第二十二章“腐烂的苹果”以及《更多日常科学之谜》(Konicek-Moran，2009)“蚯蚓不只是诱饵”等内容相辅相成。我认为，三则故事共同关注生物学最重要的概念之一——分解，而儿童与成人对这一概念却知之甚少。制作堆肥（循环利用有机物质）有助于减轻垃圾填埋场的负担，了解这一点可以增强我们管理地球的责任心。填埋场垃圾有很大一部分都是有机物质，完全可以被我们循环利用。至于哪些物质适于以及不适于制作堆肥，你可以在环境保护署网站找到相关信息。

在5—8年级中使用这个故事

高年级学生往往更倾向于赞同劳拉的观点。使用“在幼儿园—4年级中使用这个故事”一节中提到的探究案例，可以帮助你了解学生关于“分解”的前概念水平。请注意该案例中学生用书面形式写下的各种理由，往往在这一部分，你才能看出他们究竟有没有真正了解分解者在分解过程中发挥的作用。只有塞尔玛(Selma)的回答提到了分解者：“我认为，微小的生物利用它获取能量以及成长所需的营养。”从你的学生写出的各种理由中，你可以看出他们是否真正弄懂了这个问题。

如果你的学生想要模仿故事中的情节走出教室去寻找落叶，他们肯定会注意到地上的落叶有薄有厚。（正如我在上一节提到的，务必小心落叶堆里潜藏的危险动物。）如果你让学生在土壤中继续深挖，他们肯定会发现蠕虫、球潮虫、马陆等各种小动物，它们正在参与分解落叶及其他有机质的过程。你可以提醒学生留意有些树叶上还长有真菌。四处找找看，他们会发现，无论是倒下还是直立的枯木上面都会长有真菌，这些多孔菌通常被称为“云芝”，它们与其他植物能够加速枯木的分解过程。在雨季，由于枯木表皮不断被分解脱落，再加上活着的树木叶子、果实等物质不断掉落下来，枯木往往会变成培育新苗的“温床”。它们之所以被称为“温床”，是因为其上寄生着大量植物，进一步加快了枯木的分解过程。这些寄生植物通常是蕨类植物，但是在某些气候条件下，有些植物甚至能长成参天大树。这些植物利用根系从枯木中汲取养分满足自己的生长需要，从而加快了枯木的分解过程。

现在，让我们谈一谈"植物在封闭系统里生长"的概念，帮助学生理解"植物为了自身生长发育需要而利用空气中的碳"的过程。你可以参考上述探究案例"密封罐里的秧苗"，把它当作学生讨论的引子。在种子发芽、成长以后，密封罐系统的重量将会变重、变轻，还是保持不变？让学生就这一问题展开讨论并把各自的理由写出来。然后，让学生使用该案例中提到的各种资料自行设计研究方案。《日常生命科学之谜》(2013)中的章节"密封罐里的秧苗"也探讨了这一话题。然而，我建议你在使用这一故事时把重点放在"封闭系统"。一个封闭系统只要设计合理，重量在任何时候都不会发生变化。要求学生把各种变量逐一确认，调查过程做到完全公平。你最好让学生在实验前后把该系统的每一个部分分别称重：种子、土壤、水、罐子以及盖子，以便他们在后来的讨论中用事实说话。

学生们有可能会说：

- 帮助种子发芽与成长的物质重量来源于土壤；
- 帮助种子发芽与成长的物质重量来源于水；
- 有人偷偷向罐子里添加或从中取出一些土壤或水。

真理越辩越明。学生最终将会得出结论，密封罐里无论发生了什么变化，始终都是利用罐子里面的物质。当然，单是这一点可能不足以让所有学生相信，大气也为罐中种子发芽与成长提供了必要的物质。(植物将会变得越来越重，而土壤重量不会发生明显变化，至少，土壤减少的重量远远低于植物成长后的重量。)尽管如此，这一实验可以为学生将来进一步学习相关概念奠定基础，他们将会明白，大气的确为植物成长提供必要的物质：二氧化碳中的碳。

你也可以让学生使用蠕虫、昆虫或真菌等在一个封闭系统中做类似的实验。重要的是，你应当让学生自己设计方案、考虑各种变量并动手实验。注意不要使用经过消毒的土壤，因为那里面的生物都已经被杀灭。你可以使用树叶、水果或蔬菜制作堆肥。土壤中通常都含有大量孢子，能够产生足够的真菌。记住，如果你在罐子里放入蠕虫或昆虫等小动物，应当把罐子透明的部分遮起来，以免光线打扰它们正常工作。在需要观察与记录罐中发生变化的时候，可以把遮挡物拿开。

相关书籍和美国科学教师协会期刊文章

Keeley, P. 2005. *Science curriculum topic study: Bridging the gap between standards and practice*. Thousand Oaks, CA: Corwin Press.

Keeley, P., F. Eberle, and C. Dorsey. 2008. *Uncovering student ideas in science, volume 3: Another 25 formative assessment probes*. Arlington, VA: NSTA Press.

Keeley, P., F. Eberle, and L. Farrin. 2005. *Uncovering student ideas in science, volume 1: 25 formative assessment probes*. Arlington, VA: NSTA Press.

Keeley, P., F. Eberle, and J. Tugel. 2007. *Uncovering student ideas in science, volume 2: 25 more formative assessment probes*. Arlington, VA: NSTA Press.

Keeley, P., and J. Tugel. 2009. *Uncovering student ideas in science, volume 4: 25 new formative assessment probes*. Arlington, VA: NSTA Press.

Konicek-Moran, R. 2008. *Everyday science mysteries: Stories for inquiry-based science teaching*. Arlington, VA: NSTA Press.

Konicek-Moran, R. 2010. *Even more everyday science mysteries: Stories for inquiry-based science teaching*. Arlington, VA: NSTA Press.

Konicek-Moran, R. 2013. *Everyday life science mysteries: Stories for inquiry-based science teaching*. Arlington, VA: NSTA Press.

参考文献

Driver, R., A. Squires, P. Rushworth, and V. Wood-Robinson. 1994. *Making sense of secondary science: Research into children's ideas*. New York: Routledge Falmer.

Keeley, P., F. Eberle, and C. Dorsey. 2008. *Uncovering student ideas in science, volume 3: Another 25 formative assessment probes*. Arlington, VA: NSTA Press.

Keeley, P., F. Eberle, and L. Farrin. 2005. *Uncovering student ideas in science, volume 1: 25 formative assessment probes*. Arlington, VA: NSTA Press.

Leach, J., R. Konicek, and B. Shapiro. 1992. The ideas used by British and North American school children to interpret the phenomenon of decay: A cross-cultural study. Paper presented to the annual Meeting of the American Educational Research Association, San Francisco.

Leach, J., R. Driver, P. Scott, and C. Wood-Robinson. 1992. *Progression in conceptual understanding of ecological concepts by pupils aged 5 – 16*. Leeds, UK: The University of Leeds, Centre for Studies in Science and Mathematics Education.

Time-lapse video of decomposition. *www. metatube. com/en/videos/27174/Fruit -and- Vegetable-Decomposition- Time-lapse/*

Konicek-Moran, R. 2009. Worms are for more than bait. In *More everyday science mysteries: Stories for inquiry-based science teaching*, 91 – 100. Arlington, VA: NSTA Press.

National Research Council (NRC). 1996. *National science education standards*. Washington, DC: National Academies Press.

Sequeira, M., and M. Freitas. 1986. Death and decomposition of living organisms: Children's alternative frameworks. Paper presented at the 11th Conference of the Association for Teacher Education in Europe (ATEE), Toulouse, France.